新\时\代\中\华\传
▪知识丛书▪

中华建筑文化

主编◎李燕
罗日明

海豚出版社
DOLPHIN BOOKS
CICG 中国国际传播集团

图书在版编目（CIP）数据

中华建筑文化 / 李燕，罗日明主编 . -- 北京 : 海
豚出版社 , 2023.4
（新时代中华传统文化知识丛书）
ISBN 978-7-5110-6320-5

Ⅰ . ①中… Ⅱ . ①李… ②罗… Ⅲ . ①建筑文化—中
国—普及读物 Ⅳ . ① TU-092

中国国家版本馆 CIP 数据核字（2023）第 037827 号

新时代中华传统文化知识丛书

中华建筑文化

李　燕　罗日明　主编

出 版 人　王　磊
责任编辑　张　镛
封面设计　郑广明
责任印制　于浩杰　蔡　丽
法律顾问　中咨律师事务所　殷斌律师
出　　版　海豚出版社
地　　址　北京市西城区百万庄大街 24 号
邮　　编　100037
电　　话　010-68325006（销售）　010-68996147（总编室）
印　　刷　艺通印刷（天津）有限公司
经　　销　新华书店及网络书店
开　　本　710mm×1000mm　1/16
印　　张　9
字　　数　78 千字
印　　数　5000
版　　次　2023 年 4 月第 1 版　2023 年 4 月第 1 次印刷
标准书号　ISBN 978-7-5110-6320-5
定　　价　39.80 元

　　建筑是什么呢？最早的建筑是人们用以躲避风雨和居住的自然洞穴，也就是说，建筑是人们用以解决住宿问题的工具。以居住为目的的建筑最早出现在上万年前的原始社会，当时人们已经学会通过挖掘洞穴、以土建墙等形式建筑房屋。

　　随着时间的推移，建筑的功能越发丰富，建筑的形式也开始变得多种多样。用以祭祀的祭坛、统治者居住的宫殿、用来御敌的长城、休闲嬉戏的园林……这些建筑都是古人用勤劳的双手和智慧的大脑发明建造的。

　　沧海桑田，世事变迁，千年之后的我们仍然能够看到这些古老建筑的遗迹。在研究这些建筑遗迹时，人们发现，朝代变迁的历史、儒家的思想和中国古人对自然的向往等都在建筑中有所展现。也就是说，这些建筑不仅满足了人们的居住等需求，也承载了一朝一代的发展历史，反映了人们的精神世界。

　　可以说，建筑是承载人类文化和历史的重要载体，是一种流传千年的传统文化。而文化是一个民族自信的根本，是民族生生不息的养料，是民族复兴的力量。学习并弘扬传统文化，是实现中华民族伟大复兴的重要举措。建筑是传统文化的一种形式，我们有必要对其进行深入学习。基于此原因，我们编写了本册读本。

本书共分为六个章节，第一章为总括性章节，主要有中华建筑的历史、中华建筑的分类、中华建筑的作用、中西方建筑对比、传统建筑与现代建筑对比五大内容。通过本章学习，我们可以对中华建筑文化有一个基础性了解。

建筑中蕴含着美学和人文精神，中华传统建筑又是如何反映这些精神的，在第二章中，我们将对中华传统建筑的美学与人文精神展开介绍。

第三章为我国传统建筑的建筑方法介绍。以木架结构为主的传统建筑是如何搭建起来的，在这一章我们将找到答案。

宫殿、陵墓、楼阁、园林、桥梁等不同的建筑类型都有什么样的特点，在第四章中，我们通过对不同建筑的介绍使大家全面系统地对中华传统建筑有更深刻的理解。

第五章为少数民族的特色建筑介绍。多民族的中国有着多种形式的建筑，吊脚楼、碉房、蒙古包等都是少数民族的特色建筑。这些少数民族的建筑是中华建筑文化的重要组成部分。

　　第六章主要介绍我国历史上有名的建筑大师。美轮美奂的建筑是匠人辛苦打造的结果，历史上有哪些有名的建筑大师呢？这些建筑大师都有哪些作品流传呢？学习本章，我们将了解以上知识。

　　建筑是一个庞大的文化体系，其中蕴含着无数的历史文明和人文艺术，我们不可能通过一本书就完全了解中华建筑历史。希望本书能够激发我们学习和了解传统建筑文化的兴趣，使我们能在生活中发现建筑的美丽！

目 录

第一章

中华建筑文化溯源

一、悠久的中华建筑历史

中华建筑的历史是如何衍化的呢？早在原始社会，人们就学会了用洞穴遮风挡雨。随着人们智力和生活水平的提高，天然建筑渐渐不能满足人们的生活需求，人为搭建的房屋开始出现。从此之后的几千年内，建筑的形态发生了翻天覆地的变化。

古建筑的发展历经原始社会、奴隶社会和封建社会三个时期，其中发展最为快速的时期是封建社会。

原始社会时，人们还没有足够的智慧建造各种高级建筑，天然的岩洞是人们生活的最佳选择。然而天然岩洞的数量并不多，找到一个称心如意的岩洞并不容易。于是，聪明的人们便开始自行搭建巢穴。直至人类进入氏族社会，适应各地地理环境的多种巢穴相继被人们建造出来。

如浙江余姚河姆渡遗址发现的以榫卯结构筑成的木架房屋，山西襄汾县陶寺遗址的下沉式窑洞等，都是原始社会房屋建筑的代表。

氏族社会逐渐过渡为奴隶社会后，人们学会了夯土筑房。此时，以土木结构为主的传统中华建筑开始萌芽。河南偃师的二里头夏代文化遗址中就有众多土木建筑的遗存，大都有夯土而成的地基，且地基上也有立柱的痕迹。不过，这种木架结构的建筑物多为王室成员居住，普通百姓和奴隶仍然只能居住在洞穴或者窑洞中。

奴隶社会的后期，人们已经能够修造出高大的宫墙和大规模住宅群。此时，以土木结构为主的传统建筑才真正意义上成为百姓的居所。这个时期，我国出现了诸多擅长木工的能工巧匠，尤其是鲁班的出现，为我国的木工技法提供了更为丰富的实用工具。

经过以上两个时期的发展，中华传统建筑的建筑基调已经确立，此后，尽管我国出现了砖、瓦、石、金属等各种建筑材料，但是我国的建筑仍然以木架结构为主。

封建社会初期，砖瓦逐渐加入建筑构造中。此时，土木结构为主的建筑形式被砖木结构取代，房屋建筑的稳定性有了进一步提高。加上人们对斗拱和榫卯结构炉火纯青的应用，木架结构的建筑物已经完全能够满足人们日常居住的需求。

在提高房屋稳固性的同时，人们也开始注重建筑的美观。所谓"爱美之心人皆有之"，这种"爱美"不仅体现在对服饰的装饰上，还体现在对房屋建筑的装饰上。以秦朝的阿房宫为例，这是一个规模宏大的宫殿建筑，设计师在修建之前进行了精心的设计，整座宫殿虽然规模巨大，但是其内部结构却十分合理。内部错落排布的建筑物大都使用了带有花纹的砖块，建筑装饰上还运用了各种雕刻技法和彩绘艺术，使得建筑物的内外部均十分美观。

此后，随着我国的经济发展，古建筑也飞速发展起来。唐宋时期，各种功能的建筑如雨后春笋般涌现，建筑的造型和装饰都更加华丽。明清时期，园林造景类建筑占据了主流，亭台楼阁等具有艺术气息的建筑常常出现在人们居住的庭院中，更加精湛的雕刻技术和绘画技术也为这些建筑增光添彩。我国传统建筑最终由简单的巢穴进化为华美壮丽的宫殿、府苑、亭台、楼阁、佛塔……

二、中华建筑有哪些分类

　　从搭建巢穴到建造宫殿，中华建筑的发展走过了一段漫长的岁月。在时间的流逝中，中华古代建筑渐渐完善，在地理环境和人文因素的影响下，广袤的中国土地上出现了许多独具特色的建筑形式。

中华传统建筑可以按照建筑物的结构和功能来进行分类。

以结构划分，传统建筑可以分为土木结构和砖木结构。土木结构，就是以木材为架构，以泥土为墙壁搭建的建筑物。砖木结构是以木材为架构，以砖为墙壁搭建的建筑物。各地虽然有以竹、石为主要材料的建筑结构，但并不常见。

以功能划分，传统建筑可以分为宫殿府邸、防御建筑、点缀纪念性建筑、陵墓、祭庙、园林、桥梁水利建筑、民居、宗教建筑和其他娱乐性建筑等。

　　宫殿府邸包括皇室成员的宫殿以及达官显贵的府邸。帝王居住的宫殿最为宏伟，比如阿房宫、未央宫、紫禁城等，都是标准的宫殿建筑。诸侯、皇子和诸大臣的府第次之，虽然这类府邸不如宫殿建筑那样豪华，但是其相比于其他住宅建筑已经十分华丽了。

　　防御建筑包括城墙、城楼、烽火台和长城等类型的建筑。城墙通常为各地区为了抵御外敌入侵而建造的军事防御设施。城墙的某侧设有城楼，是守城将士的指挥部和瞭望台，其主要作用是进行军事防御和军事指挥。烽火台是古人修建的用以传递军事信息的建筑。"烽火戏诸侯"的典故中，周幽王戏耍诸侯点燃的便是烽火台上的烟火。烽火台通常修筑在高冈上，当出现敌情时，守军便会点燃烽火请求支援。长城则是春秋战国时开始修建的一种边防建筑，其主要目的是防止外敌入侵。

明长城与明陵

　　点缀纪念性建筑主要包括影壁、石碑、牌坊等。影壁也叫作照壁，是古人建在庭院中，隔绝外部视线的一种建筑。石碑指用石头雕刻的竖石。有些石碑能够当作墓碑使用，有些则被当作城市、乡村的标志，还有一些石碑是为了记载文字。牌坊是封建社会中为了表彰功勋、歌颂功德、赞扬忠孝礼节而建的一种建筑物，后来逐渐成为城市或者乡村的标志性建筑。

陵墓是对帝王坟墓的一种特定称呼。帝王坟墓常常"以山为陵"，不仅地上陵园规模巨大，地下还设有十分广阔的地宫。秦始皇陵、明十三陵等都是古代皇帝的陵墓。

祭庙通常包括祭坛、太庙、祠堂三种建筑。祭坛是古人为了祭祀天地、日月、社稷、先贤等被神化的形象而设置的一种祭祀场所，比如北京的天坛、孔庙等，都是古人为了祭祀而建造的。其中，天坛用以祭祀天神，孔庙用以祭祀孔子。太庙则是皇帝为了祭拜先祖而开设的家庙，当中摆放着先祖的牌位，每逢大祀，皇帝都要前往太庙祭祀。祠堂是王公贵族以及普通百姓为自家先祖设置的家庙，与太庙相同，祠堂当中也会摆放先祖灵牌。

园林是古人修筑的用以居住、赏玩的庭院。颐和园、苏州园林等都是园林建筑的典型代表。

桥梁水利建筑主要以沟通河岸、便民取水为目的，是古人以木、石、砖、藤、竹等材料修建的桥梁或港口。

民居主要是指普通百姓的居所。我国民居的种类十分丰富，北京四合院、陕北窑洞、藏族碉房、徽州民居、蒙古族的蒙古包等都是传统民居的代表。

宗教建筑是围绕宗教信仰活动而建造的佛寺、道观、木塔等。

其他娱乐性建筑主要有戏台、露台、乐楼等，其主要目的多为游玩、赏乐。

种类繁多的中华传统建筑，作用不尽相同，但是不论是哪种建筑，都完美地发挥了它们的功能作用。在它们身上，建筑文化散发着耀眼的光芒。

三、中华建筑的重要作用

　　建筑的产生源于人们对居住的需要，但是随着社会的发展，建筑逐渐演化出一些额外的功能，或者代表了人们的尊卑贵贱，或者承载着时代的艺术特征。

　　"衣食住行"是人类生活必备的基础，其中的"住"与建筑密切相关。简单地说，建筑就是人类建造的房屋，是人们躲避风吹日晒、寒风炎日的地方。

　　可以说，建筑的第一个作用就是满足人们的居住需求。不管是巢穴还是后续出现的各种壮丽的建筑，人们建造它们的首要目的都是居住。千百年间，人们为了住得更舒适，一面着手提高房屋的安全性，一面开始扩大房屋的规模。人们在运用智慧的过程中，发明了各种结构的建筑形式，建筑物不再仅是居住场所，也成为人们休闲娱乐的场所。

休闲娱乐等附加功能是建筑的第二个作用。房屋的娱乐功能是在人们的基本生活需求被满足的情况下出现的。最先以住宅作为娱乐场所的，是居于统治地位的皇室成员。此后，随着生活水平的提高，普通百姓也逐渐将休闲娱乐纳入房屋设计的考量当中。此外，建筑也开始被人们用于祭祖、防御。

建筑的第三个作用是作为艺术和技术作品的展示载体。实体建筑不仅仅是满足生活需求的物品，也是科技和艺术的展示载体。传统建筑中不仅运用了力学、工学、数学、物理等科学理论，还融入了雕刻、美术等美学理论。可以说，建筑是一门科学，也是一门艺术。

在漫长的岁月中，古人利用科学和艺术修筑的各类建筑物被保留下来，后人通过观察这些建筑作品来学习科技的应用形式和艺术的物化过程。可以说，建筑是使科学和艺术理论得以传承的一种载体。

除了传递艺术和科学外，建筑也能记载历史。建筑并不仅仅是砖瓦的堆砌，其中还包括了神秘迷人的历史事件。比如，人们通过研究宫殿建筑，可以探究古代帝王的生活状况；通过研究民居建筑，可以再现一朝一代人们的生活场景；通过研究亭台楼阁，可以理解文人骚客的诗篇文章……建筑可以记载一个王朝的兴衰更替，是中国千年历史的参与者，也是千年历史的记录者。

除记载历史外，建筑也能代表人们的思想精神。建筑是古人思想境界的展现形态，比如基于古人对尊卑等级的理解，建筑分为宫殿和民居等形式。这些建筑形式代表了王朝中的等级划分，可以说是古人精神世界的完美体现。此外，建筑中的图案、绘画等艺术形式，也表达了古人对生活的希冀，即使是千年之后的今天，人们看到这些作品仍然能感受到这份祝福。所以说，建筑也能反映人们的思想，代表人们的精神世界。

建筑是文化的载体，中华建筑反映的是传承数千年的中华文化，蕴藏的是中华文化的精神本质，我们应当将它作为中华传统文化的重要组成部分进行继承和发扬！

四、中华建筑与西方建筑的比较

世界古建筑文化因地域差别而被分为七个独立的体系。它们分别是古代埃及建筑、古代西亚建筑、古代印度建筑、古代美洲建筑、中国建筑、欧洲建筑和伊斯兰建筑。沧海桑田，这七个建筑体系中的一些建筑体系或者中断，或者影响有限，如今已经渐渐消散，只有中国建筑、欧洲建筑和伊斯兰建筑这三大建筑体系依然存在，且在岁月的变迁中越发亮眼。

观察中华传统建筑与世界各国建筑的形态，我们可以发现，彼此之间存在着很大的差别。

第一，也是最为直观的，中华传统建筑采用的结构常常为土木结构或者砖木结构，而西方建筑则多采用砖石结构。众所周知，文化思想往往会融入建筑体系当中，中国人常用土木结构，正是古人热爱自然，向往天人合一的表现。西方的砖石房屋，则反映了他们严谨、注重规则的生活态度。

第二，中华传统建筑常以群落聚集的形式出现，比如宫殿建筑中往往有多个建筑。这些建筑或者中轴对称，或者错落分布，由各个建筑物共同组成一个密切联系的整体。各个建筑的外围总有围墙隔挡，建筑与外墙共同组成一个建筑群落。而西方建筑则以单体建筑为主。宫殿或者宗教建筑总是单独出现，且它们的分布更加注重独特性和自我性，比如比萨斜塔就是一个单体建筑。它们不与外围自然环境相匹配，更加强调个体的独立性。

中华建筑的这一特点与我国崇尚儒家思想、崇尚礼制等级有关。中华传统建筑中的群体，无论是哪种分布方式，建筑群中总有一个中心，这座中心建筑即为整个建筑群中最尊贵的部分。西方喜爱开放自由，这一点体现在建筑当中就是独立奔放，不与外界为一体。

第三，中华传统建筑常常向平面展开，以低层建筑为主；西

方建筑则向高处耸立，以高层建筑为主。观察我国传统建筑可以发现，中华建筑中的高层建筑很少，大部分建筑都为单层建筑，只不过这些建筑多修筑在高台之上。西方建筑则以高耸著称。这种差别主要是因为人们的宗教信仰不同而造成的。

佛教虽然影响深远，但是中国人更加推崇的是儒家、道家的思想，这二者对人与自然的关系认识大致相同，总结起来就是人与自然和谐统一、共同发展。中华古建筑也很好地实践了这一观点。相较于高耸的建筑，低平的建筑更容易接近自然，与自然融为一体。西方国家信仰基督教等教派，神秘是这些教派的特色。将建筑物建得越高，这种神秘感就越发强烈，所以人们才越发倾向于建造高耸的建筑。

第四，中华传统建筑与西方建筑的装饰部分也有所区别。中华建筑的装饰多采用龙凤等珍禽走兽和风云雨雪等自然景观作为建筑装饰图案，西方国家则更多采用规则的石雕作品。中西方建筑装饰的不同主要缘于思想的差别。中国古代的帝王认为，自然万物都是社会发展的影响因素，使用这些图案更有利于获得美好的生活。西方国家则不同，人们一般只信仰上帝，所以并不畏惧、敬重自然。

　　总而言之，思想的不同往往会带来文化的差异，这些差异又会影响到建筑。不过，不论是中华建筑还是西方建筑，都是人类建筑史中别样的艺术，都蕴藏了历史的变迁和文化的差异，是人类情感的完美表达。

五、传统建筑理念与现代建筑理念的碰撞

传统的建筑理念传承至今发生了巨大的变化，曾经以土木结构为主的建筑如今已经被以钢筋混凝土为主要结构的高楼大厦所取代。这两种不同体系的建筑，也能碰撞出一些有趣的火花！

在经济与文化的世界性融合过程中，中华建筑的形式也出现了许多变化。旧时的宫殿、平房大都变成了高楼大厦，以木为主的建筑结构也慢慢变成了以钢筋混凝土为主的建筑结构。

有人认为，传统土木结构的中华建筑十分易燃，加上层数较少，并不适用于现代紧凑的城市架构。因此，在城市建设过程中，我们应当更多地使用现代建筑思想进行城市改造，以节省更多的空间。

显然，这种看法过于偏激，中华传统建筑理念已经传承了数千年，能够绵延不断必然有其深刻的道理。一味地

接受现代建筑思想，而摒弃传统的建筑思想，并不是一种正确的观念。如何将传统建筑理念与现代建筑理念完美地融合在一起，才是现代人应当思考的。

我国已经经历过一次毁坏传统建筑的痛，如果仍然秉持"传统无用"的想法，那么未来我们引以为傲的传统建筑文化将完全消失。随着生活水平的提高，人们对文化和思想的需求日益增长，此时正是我们进行传统建筑文化和现代建筑文化融合的最佳时机。

对于这种建筑理念的融合，最先应当做出反应的是我国各地的地标建筑。以位于上海的东方明珠广播电视塔为例，这座带有西方建筑气息的现代建筑是众所周知的上海地标建筑。那么，其他各地的地标建筑能否不再以西方建筑特色为主导，而是利用中华传统建筑理念进行建造呢？这种富有中国气息的代表性建筑一旦成为城市的名片，是否会有更多崇尚西方建筑思想的人回归传统，致力融合传统建筑与现代建筑的特点呢？

木材与石材的结合

另外，传统与现代建筑理念

的融合也可以通过另一种方式实现。我们知道，建筑不仅仅包括建筑的外观，还包括建筑的装饰。现代的高楼大厦往往忽略了装饰的作用，而在传统建筑中，装饰是整个建筑体系中极为重要的部分。屋顶的图案装饰、门窗的雕花设计、建筑内部屏风的雕琢等，都是传统建筑中的装饰重点。我们是否可以将这些传统装饰运用到现代建筑中呢？传统装饰与现代建筑相结合是否别有韵味呢？这也是值得我们思考的。

最后，传统建筑理念重视建筑气氛的烘托，善于利用自然地势营造出与自然和谐统一的气氛。现代建筑更倾向于以规整的形状，利用最小的空间容纳更多的人。这二者是否可以在一定程度上互相融合呢？中华传统建筑崇尚与自然的和谐统一，在现代高楼大厦林立的城市中，我们是否能够将自然与钢筋混凝土组成的建筑融为一体，建造富有中国特色的自然城市呢？

总而言之，传统建筑文化是不能被摒弃的。如今，我们应当做的是让传统建筑理念与现代建筑理念相碰撞，激发出新时代中华建筑的新特征，并延续中华传统建筑文化的深刻内涵！

第二章

中华建筑的美学与人文

一、中华建筑美学的基础

仔细观察中华传统建筑，我们会发现，这些建筑大都呈现出一种对称的美感。在这些建筑的正中心做一条直线，直线的两边就像是镜子内外一样相似。为什么古人要将建筑物修得如此对称呢？相信这是很多人心里的疑惑，下面就让我们一起来寻找原因吧！

对称，是自然科学中一个令人着迷的存在，中华传统建筑中也使用了对称。无论是宫廷建筑还是民居建筑，都表现出一个共同的特点——四方对称。

以我国最著名的建筑故宫为例。观察故宫的全景图我们会发现，从南北方向连接一条中轴线，两侧所有的建筑都左右对称。不仅如此，处于正中心的建筑物也在中轴线的两边均匀分布，以中轴线为中心左右对称。

你可能会说，皇帝住的宫殿修建时自然要多加设计，左右对称也没有什么值得吃惊的。但是，我国古代的民间住宅、传统寺庙，甚至是一个简陋的厕所，都具有对称的特点。

为什么古人会如此青睐对称呢？中华传统文化中流传最广、影响最深远的思想是儒家思想，这一思想也贯穿到传统建筑的构建当中。古人以为，无论是何种建筑，均衡才是最为正确的设计形态。均衡的最佳体现，便是四方对称。正如将同样重量的物体放置在天平两端才能使天平保持平衡一样，一座建筑要想保证平衡，就必须做到四方对称。

从美学角度来看，对称是一种最为简单的美的形式。以左右对称来刻画一座建筑的美观，是最简单、最不易出错的美学形式。

从力学角度来看，建筑物对称的两侧承担着相同的力，这样建筑便更加稳定，更难以出现坍塌等意外情况。

如此看来，传统建筑以对称为设计基础，既使建筑本身富有一种文化气息，又使建筑符合自

中华建筑的对称之美

然规律，甚至使建筑更加安全。

另外，我们也可以发现，在建筑物对称轴的中心，往往坐落着整个建筑群中最为重要的建筑。比如故宫的中心位置为"三大殿"——太和殿、中和殿、保和殿。

古人崇尚中心，所谓中心，不一定必须是一座建筑群的正中心。这里的中心，指的是城市、庭院、建筑群中最重要、最核心的位置。比如，在就餐时我们常将面对大门的正中心座位让给老人，面向大门的那个座位，便是餐桌中最为重要的位置。在一座民宅中，坐落在北方的房间为中心，该房间被称为主屋，由家中长辈居住。

不过，也有人将古人的择中原则看作是一种封建迷信，属于封建糟粕。但是，随着社会的进步与发展，择中原则更多体现的是人们对长者的尊重。

二、阴阳相合的天圆地方观

我们知道，天圆地方是古人对宇宙的一种错误认识。在古代，人们不知道地球围绕太阳公转，也不知道太阳系以及宇宙的存在，便以为天圆地方。它为何会成为中华传统建筑的一种特征呢？我们来一同寻找答案。

在古人尚未完全认识世界和宇宙的全貌时，人们常将天地与阴阳相结合。人们认为天体在天空中周而复始地运动，因此天是圆形，代表着阳，而地常年静止不变，因此地为方形，代表着阴。

阴阳学中，阳为动，是一种更为主动的态度；阴为静，是一种更为被动的态度。所以人们便将天看作阳，地看作阴。天圆地方、阴阳相合代表着和谐共存。

这样的思想也被人们用在了传统建筑中，从许多特色建筑中都能看到这一点，比如我们熟知的北京的天坛和地坛。天坛和地坛始建于明朝，是明皇帝用来祭祀天地的场所。天坛主要用来祭祀上天，所以它依据天圆地方的思想建成了圆形；地坛主要用于祭祀土地，所以建成了方形。

不仅如此，阴阳学说还认为阳应为单数，阴应为偶数。按照天为阳的说法，天坛中的主建筑层数、栏板数量、台阶级数都为单数，而地坛中的则为偶数。

除了天坛和地坛外，我国传统的民居院落也有这一思想的体现。传统民居常常会在东南西北四个方位建造房屋，四个方位的房屋呈现"口"字形，代表的正是天圆地方中的"地方"。另外，人们还将大门关闭的院落看作一个闭合的整体，这样一来，也可以将其看作是"天圆"的一种表现。

此外，我国的少数民族中也有体现天圆地方思想的建筑，如客家人依山建造的建筑——围龙式围屋。围龙式围屋是一种半圆形的建筑群，各种房屋依次排布，呈现一个半圆形状。在这个半圆开口的前方，常常会有一个半圆的池塘，两个半圆相加，便形成了我们所说的"天圆"。

那么"地方"是如何在围龙式围屋中体现的呢？原来，人们在半圆建筑群中所建的房屋，常常为方形的横堂。这些形状方正的横堂，便被人们看作是"地方"的体现。

天圆地方思想在传统建筑中的使用，除了阴阳学说是一大原因外，还有一个原因在于曲直的应用。从美学角度来看，规则的建筑物是一种美的表现，但是加入曲线图形的建筑物也有一种别样的美感，尤其是为人们所喜爱的圆形。

在科学如此发达的现代，人们尽管已经知晓了日月星辰的运行规律，也知晓了地球围绕太阳运动的事实，但却依旧没有忘记建筑文化中的天圆地方观念，仍然在无数的建筑设计中应用这一思想。

三、因地制宜的科学理念

　　建筑首先就是要满足人们防风挡雨、保温防寒的需求。为了满足这一需求，古人可以说是付出了无数心血。广袤的中华大地上，各地的气温、降水等有着天壤之别，如何适应自然，建造出更适宜居住的房屋呢？古人有话要说……

　　陕北地区的人们为什么爱住窑洞，东南山区的人们为什么常建干栏式房屋，东北地区的人们为何喜欢火炕……观察中国各地的传统建筑，我们会发现一个十分奇特的现象：人们的房屋常因居住地点不同而不同。

　　要解释这一现象，就必须说一说我国的气候特征。我们知道，中国不论是从南到北还是从东到西，跨度都十分巨大。这一地理特征导致我国各地的气候差异十分明显，无论是气温变化还是降雨多少，各地都不相同。正是这一特殊的气候特征，导致了我国各地建筑特征的差异。

建造房屋，除了要考虑地理位置、经济成本和建筑式样外，还需要考虑当地的气候环境。陕北地区处于黄土高原，气候表现为夏季炎热干燥、冬季寒冷少雨的特征。如果建造木制房屋，不仅夏季容易出现火灾，而且冬季也不防寒，而窑洞则能弥补木制房屋所有的缺陷。虽然是在高原土层上挖掘窑洞，但是却不会出现渗水漏雨的现象。这是因为黄土高原的土层严密结实，再加上整个地区都干燥少雨，降低了雨水下渗的可能性。

不仅如此，窑洞还具有冬暖夏凉的特性。夏季的阳光不会晒得窑洞内部闷热难耐，冬季时温暖气息也不会从窑洞中流出来。如此看来，窑洞正是满足陕北人民居住需求的最佳建筑。

东南山岭地带的气候则比较温润。这里四季炎热，降雨颇多，人们为了防止潮气进入建筑内部，便想出了建造干栏式房屋的好方法。这是以木材柱子为底架，并在底架上建造居住房屋的一种房屋样式。下层的多层立柱并不封闭，这个空间可以用于放置杂物、饲养牲畜等。上层是人

窑洞

们日常生活的区域，由于住所不与地面接触，所以地下的
湿气就不会进入建筑内部，不会对人体健康造成损害。

至于东北地区的火炕，就不必大费笔墨地解释了。冬
季酷寒的东北地区，如果没有温暖的火炕和保暖的房屋，
人们就无法平安度过冬季了。

通过以上例子可以看出，中华传统建筑遵循的一个建
筑理念便是因地制宜，根据自然环境的变化选择最佳的建
筑样式，顺应气候、因地制宜地建造有地方特色的传统建
筑，人们的生活才能更加舒适。

四、传统建筑的尊卑与等级

人们常说，中国是一个礼仪之邦，这一点常体现在人们待人接物的礼仪制度上。而中华传统建筑中也融入了礼制的思想，体现着尊卑的等级秩序。

中华传统文化对尊卑和等级有着严格的划分，这些规则影响着人们生活的方方面面，建筑也不例外。建筑中的等级与尊卑，往往表现在建筑物的华美程度上，具体可以分为建筑的地理位置、建筑面积、建筑构造和建筑装饰等几个方面。

从建筑的地理位置来看，身份尊贵的屋主往往会选择一个城市的中心地带建造房屋，这一点前面介绍择中原则时也曾提到。中国人向来崇拜中心，中心位置意味着众星拱月，意味着权力中心。在中心位置上的建筑，不仅可以被附近的建筑保护，还能"眼观六路、耳听八方"。

　　除了中心之外，等级高的屋主也常常选择依山傍水的地方建造房屋。古人认为水能聚财、山能挡灾，处于山水之间的房屋，能够为主人带来更好的运气。当然，这里的山水不能是穷山恶水，比如光秃秃的山林和水流湍急的地方，并不是建筑房屋的最佳地理位置。所以，我们常能在茂密的山林和静止的湖塘附近看到设计精美的建筑物。

　　从建筑的面积来看，房屋的面积越大意味着屋主的身份越为高贵。观察如今遗存的传统建筑，我们就可以发现这一点。故宫的面积与王府的面积有着天壤之别。故宫占地 72 万平方米，北京保存最为完好的恭王府仅有 5.9 万平方米。而大一点的民居则只有 1000 多平方米。

　　从建筑的构造来看，等级和尊卑也影响着建筑的结构。这一点可以从历代的国家法律中找到证据，比如唐朝用于规范人们住宅建筑的法律《营缮令》中记载："三品以上，堂舍不得过五间九架……五品以上，堂舍不得过五间七架。"这是规定官员修建住宅的法条，它的意思是，三品以上的官员，建造的居所不得超过五间九架，五品以上的官员，建造的居所不得超过五间七架。除了房屋的基本结构外，屋顶、斗拱的结构形式也时常与主人的身份有关。越是身份高贵的屋主，其屋顶的面积越大，屋顶的高度也越大，斗拱的结构也越复杂。

从建筑的装饰来看，等级体现在建筑装饰的颜色和图案上。房屋门前的立柱颜色是有着严格划分的，要按照官员品级选用不同的颜色装饰立柱。除了立柱有明确的颜色规定，建筑物的墙身和屋顶也有着严格的颜色规定，皇室用黄、红、金等亮色调，平民大多用黑、白、灰等冷色调。

图案方面，屋顶所雕刻的珍禽走兽有着严格的种类和数量限制，比如故宫屋顶的小兽，不同等级的屋顶放置的小兽种类不同，数量也不同。皇帝的住所乾清宫有九个，皇后的寝宫坤宁宫有七个，妃嫔则只有五个，其他等级更低的宫殿则更少，有的甚至只有一个吻兽。

以上这些以屋主的身份等级划分建筑的规模和形制的规则，至少在周代就已经出现。直至清末，我国的传统建筑还沿袭着这些等级文化，人们建造房屋时仍然不敢"僭越"建筑法条。直至改革开放之后，传统的建筑等级才被打破，人们才开始自由地设计和建造属于自己的居所。

综上所述，体现尊卑贵贱的建筑等级文化使得我国传统建筑的层次更加分明、区分更为明显、秩序更为突出。但是，这些尊卑等级文化也大大限制了我国建筑的发展。它们的存在约束了民间建筑的风格，束缚了工匠的手艺，也阻碍了人们对建筑进行发明创新。它们的存在既给了建筑文化历史以韵味，也带来了众多限制和阻碍。

五、物我相容、天人合一的建筑思想

古往今来，人们不断探索人与自然的关系。从敬畏自然，到征服自然，再到最后的与自然和谐共生，人类走过了漫长的道路。人与自然和谐共生的理念，古人很早就已经意识到了。他们不仅意识到了这件事，并且将这一思想运用到建筑领域。

中国古人很早就意识到天地万物与人的和谐统一。儒家推崇天人合一，道家认为"天地与我并生，而万物与我为一"，《周易》中也提到人要与天地合德，与日月合明，与四时合序……这些观点都将人与自然紧密地联系在一起。

古人所说的人与自然紧密联系，总结起来就是"物我相容、天人合一"这八个字。这一观点在传统建筑文化中也有所体现，比如传统建筑中多采用的山水风景、石草树木，就是"物我相容、天人合一"这一建筑思想的直观体现。

宫殿建筑虽然大都秉持对称的美学特征，但是从细节来看，几乎每座宫殿都种植花草，尤其是一些观景的场所，不仅有各种植被，还有人工的假山和涓涓流水蕴藏其中。

民间也有将自然风光融入自家住宅的习俗。普通人虽然没有大量的金钱去构建属于自己的山水宫殿，但是却更能贴近自然万物。普通民居大都依山傍水，加上传统建筑的低平特征，住宅常常隐匿在自然之中，好像与自然融为一体。如此看来，普通民居更能体现人与自然的和谐共生。

然而，更多使用"物我相容、天人合一"这一建筑思想的应当是古人建造的各种园林。明清时期，高门大户的宅院建筑已经不能满足人们的生活需求。建筑除居住功能之外逐渐增加了一种人文情怀，更多人开始追求建筑与自然的和谐统一。

建筑与环境的和谐共生

这一点首先体现在房屋的选

址上。明清之前，虽然也有古人归隐山水，居住在山间茅舍，但是这一现象出现最多的还是在明清时期。此时的人们不再喜欢将居所选在繁华热闹的城市中心，而是选择人烟稀少的郊外作为自己的居住地。

其次体现在房屋的设计上。中轴对称、择中而立的房屋建筑不再是人们的建宅首选，山水相容、影影绰绰的园林建筑变为热门设计。不少文人花重金请匠人为自己建造宅院，只为了让住宅变得更加贴近自然。

除山水风景外，建筑装饰也是"物我相容、天人合一"思想的表现方式之一。前面介绍建筑装饰时也曾提到，人们常常使用彩绘和雕刻进行房屋美化。在这些彩绘和雕刻的成品中可以看到，它们多以自然风光和鸟兽鱼虫为主。所以，我们也可以将彩绘与雕刻等装饰看作古人建筑思想的一种体现。

建筑与自然你中有我、我中有你，二者最终成为一个和谐的整体，成为中华传统建筑中一种独特的文化。

第三章

中华建筑的落成始末

一、建筑材料：一木一石，一砖一瓦

　　细心观察中华古建筑，我们会发现，古建筑无非是以土、木、砖、石、瓦等基础材料建造而成。尤其是木材，从许多古代建筑中我们都能看到它的身影。无论是用于建筑本身还是用于装饰物品，木材都在古建筑中发挥了重要作用。

同现代高楼大厦的建造一样，中华古建筑的落成也离不开建筑的基础——建筑材料。要说古建筑与现代建筑有什么不同，首先要说的便是土、木的使用。

　　现代建筑多采用水泥、砖石等坚硬、沉重的材料，古建筑则大多以土、木为主要材料建造而成。大量使用木材，第一是因为木材较轻，更便于搬运；第二是因为古人建房倾向于低层建筑。中国国土面积广阔，不需要建造高层建筑以满足居住需求，因此古人更倾向于采用木质结构进行房屋建设。我国古代木工技法先进，即使是轻便简单的木材，也能以精妙的连接方式组成不易坍塌的房屋。基于以上种种原因，木材成为中华传统建筑的主要材料。

人们在用木材进行房屋建设的同时，用土来进行墙壁、台基等的建设。土不仅能更好地将房屋的架构粘接起来，还能防寒保暖，满足人们的基本生活需要。更主要的是土极易取得，人们不需花费钱财便能从各地取来泥土。在多种因素的影响下，土、木成为中华传统建筑的主流材料。

既然土木建筑风靡古代，为什么现代很少有土木建筑的遗址呢？这是因为土木建筑有一个巨大的缺点——不易保存。木材易燃，土的使用虽然能够减少火灾的发生，但是也不能完全避免。另外，木材极易被雨水腐蚀、被蛀虫侵蚀。虽然古人想出许多方法防腐、防虫，但却不能长时间有效。在这两种原因的加持下，土木建筑逐渐在历史的长河中湮没，如今我们只能在古画当中一览这些精美绝伦的土木建筑。

除了土、木两种主要材料外，石、砖、瓦等材料也逐渐出现在传统建筑当中。古人意识到土木建筑的缺点后，就想寻找更加经久耐用的材料。于是，耐保存的石、砖、瓦逐渐被人们使用。

最初，石材仅仅用于台基建造。随着时间的推移，石材逐渐"浮出地面"，成为一种新兴的建筑材料。装饰华美的石柱、小型的石制器物、大面积的石阶等都是石材的使用方向。不过，石材在中国历史上大都被当作一种装饰物，尚未成为建筑房屋的主要材料。

砖是除了土、木外最为古人喜爱的建筑材料。在诸多土木建筑中，人们常常混用砖头、木材和泥土。魏晋南北朝之前，砖头常被人们用于陵墓以及地基建设。此后，砖的使用范围有所扩大，人们开始将它用于修筑城墙、房屋围墙等。

瓦是一种重要材料。传统建筑中，瓦不仅是屋顶防风挡雨的主要材料，也是屋顶装饰的常用材料。人们制作各种形状、色彩的瓦，并将这些造型独特的瓦覆盖在屋顶上。

一木一石，一砖一瓦，古人以绝妙的手法将这些朴素的材料融合在一起，最终成为一座座庄严耸立的传统建筑。如今，它们正在历史的长河中熠熠生辉，为我们展示着中华传统建筑的光辉历史和灿烂文化。

二、万丈高楼平地起——台基

人们虽然选用不同的材料建造房屋，但是房屋的建造离不开台基、屋身和屋顶三个部分。其中，台基是中华传统建筑大放光彩的基础。

"万丈高楼平地起"一点儿不假，传统的中华建筑就是平地而起的建筑。与现代建筑不同，传统的中华建筑建造时不是将砖石铺设至地下建成地基，而是将地基建在平地之上，以夯土做成地上台基。

人们在建筑台基时，以一种木制的夯用力捶打地面，使得地面的土地变得坚实无比。一层夯完之后，人们会向夯实的土地垒土，继续捶打，直至新的一层地面被夯实，然后再重复这个操作，直至地基高高耸起，台基就建成了。

这种高于地面的台基，第一作用是防止雨水内灌。降雨的天气，过量的雨水极易侵入地基较低的房屋，导致房屋被淹、毁损，台基则能很好地防止水流进入建筑内部。

台基的第二作用是防止地下湿气对人体和房屋结构的影响。湿气不仅会对人们的健康造成不利影响，还可能引起木结构变形、地基下陷等危害。以夯实的台基作为房屋地基则能够极大程度地阻隔湿气。

随着社会的发展，台基逐渐衍生出一种新的作用——等级划分。无论是奴隶社会还是封建社会，台基成为等级划分的标志。越是高贵的士族，房屋的台基就越发高大。根据阿房宫的遗址以及史学家的研究，秦始皇修建的这座巨大宫殿的台基东西约有 1000 米长，南北约有 500 米宽，高度至今还有 8 米。

除了台基的面积大小能代表建筑的等级外，台基的装饰也是建筑等级的一大体现。随着古人建筑技法的提高，台基上的装饰也变得丰富起来。人们开始在台基四周加盖围栏和阶梯，阶梯与围栏上多雕刻有各色花纹，并涂上丰富的色彩。这些装饰与砖石铺设的台基表面如同一体，把建筑物衬托得更加宏大壮丽。

中华建筑特有的厚重台基

不过，随着时间的推移，这种重视高大雄伟台基的房屋设计风格逐渐消失，取而代之的是，人们更加倾向以低平朴素的台基为建筑地基。

难道是古人不再崇尚等级制度了吗？其实不然。汉代开始，传统的房屋建筑技术已然纯熟，人们已经学会以各种精美的装饰修筑房屋。台基作为一个基础的装饰，如果仍然修筑得十分高大，就有一些"喧宾夺主"的嫌疑。于是，人们便开始选用更加朴素的台基风格。

不过，尽管台基风格千变万化，传统建筑却始终没有摒弃台基这一房屋建设的基本要素。作为传统建筑的一大特征，台基仍然在岁月流逝中向人们诉说着中华建筑的千年历史。

三、风吹雨打，屹立不倒——立柱

中华传统建筑是以木架结构为主的骨架结构体系。夯实台基后，需要进行的便是木架结构的构建。过去人们会采用各种形式的木架结构，但无论是哪种形式，都免不了要架起立柱。

民间有句形容古建筑的俗语——墙倒屋不塌，这句话是形容传统建筑独特的木架结构的。古人在建筑房屋时，首先会以立柱和横梁搭建出一个木架结构，然后再开始其他部分的修建。

立柱在木架结构中起的首要作用是承重。人们经过严密的设计，以各种立柱构建起房屋的框架，以承受屋顶的重量。

立柱也是古人房间数量的划分标志。古人的房屋构建有着严格的限制要求，不同阶级的人必须修建不同间数的房屋，一间由四个立柱组成，四个立柱为一架。这样一来，立柱的多少便代表了房间数量的多少。立柱的数量越多，房屋主人的身份越高。

与台基一样，立柱也逐渐演化出更加丰富的装饰文化。起初，人们以最简单的圆形立柱搭建房屋。这个时候，立柱只要足够坚实、粗壮，便能满足人们的建筑需求。随着时间更迭，人们逐渐意识到立柱对于建筑的审美作用。圆形的简陋立柱已经不能满足人们的审美需求，一些雕刻精美的立柱逐渐被工匠创造出来，并且开始作为贵族身份的象征。

立柱上雕刻着各种精美的鱼虫鸟兽，而它们的规格和形制，也有着严格的要求。以立柱的颜色为例，《谷梁传·庄公二十三年》中记载："楹，天子丹，诸侯黝，大夫苍，士黈。""楹"为古人对堂屋门前立柱的简称，从史书记载可见，天子居所门前的立柱应当为红色，诸侯为黑色，士大夫则为青色，普通士人为黄色。这样看来，立柱装饰的精美与否，也与古代房屋建筑等级的高低贵贱有关。

具有代表性的中国廊柱

　　根据以上内容，我们可以确定的是，立柱在传统建筑中有着十分重要的作用，那么人们是如何搭建立柱的呢？

　　立柱不是房屋中独立的存在，它要与横梁、台基等相辅相成。横梁与立柱的连接，一般采用的是榫卯的木工技法。榫卯技法是以木材的凹凸结合而紧密连接的一种传统工艺。工匠在立柱与横梁的木材上分别制出榫头（木材上的凸出部分）、卯眼（木材上的凹陷部分）两种不同的结构，再通过榫卯结合将二者组合成一个整体。手艺精湛的工匠，制成的榫卯结构不仅能够做到结合部分的"天衣无缝"，而且不需要铁钉固定。

　　更加神奇的是，榫卯结构还能使木架结构富有弹性，即使遇到地震、大风等恶劣天气，房屋的结构一般也不会出现变形垮塌。即使墙壁倒下了，房屋的木架结构却依然耸立——这就是人们所说的"墙倒屋不塌"。

　　如今，我们还可以从各种古建筑中看到立柱的存在，千年的风吹雨打，立柱身上布满了岁月的痕迹，但是它们却不曾倒下。

四、华美与实用兼备的屋顶

屋顶是中华传统建筑中外形尺寸最大的部分，且处在建筑物的最高位置，加上其特殊的造型，常常成为视觉焦点之所在，是中华传统建筑最具艺术魅力的组成部分之一，被西方誉为"中国建筑的冠冕"。

在众多中华传统建筑中，造型别致、精致华美的屋顶应当是传统建筑的代名词。不论是皇族宫殿还是平民居所，屋顶都是整个建筑中最亮眼的部分。

这一点与西方建筑有所不同，西方建筑中常常将建筑的重点放在屋身的建造上。我们在许多电影中都能看到，这些西方建筑的屋身不仅有着绝妙的设计感，还有着各种出彩的雕塑和装饰，整个屋身浑然如一件精美的艺术品。但是，屋身越是精美，就越显得屋顶寡淡。

我国传统建筑则正好相反，古人在刻画建筑的屋顶时常常"煞费苦心"。以故宫为例，故宫各色宫殿的屋顶均采用了极大的屋檐，屋檐上密布着金黄色的琉璃瓦。这些琉璃瓦是皇权的代表，它使各个宫殿显得格外雄伟庄严。

此外，故宫各个宫殿屋顶的屋脊上还塑造着形状各异的飞禽走兽，如龙、凤、狮子、天马、海马、狻猊、押鱼、獬豸、斗牛、行什等。这些动物大都以固定的顺序、特定的数量、严格的大小在指定的屋脊上排布。它们不仅象征着独一无二的皇家统治，也寄托着古人希望宫殿能够无水火、无雷电、驱邪祟、护平安的美好意愿。

将中华传统建筑中造型别致的屋顶与屋身相比，屋身则显得十分朴素。屋身四面基本都是为了采光设计的窗户和为了方便进入而建造的大门。

虽说窗户和大门上都有独具特色的雕刻，但是与宏大的屋顶相比，屋身的装饰便不足为奇了。难怪人们常说，中华传统建筑独有一种"头重身轻"的设计特点。

故宫的琉璃瓦屋顶

但是，"头重身轻"的设计也有着一定的科学原理。我们知道，我国传统建筑采用的是木架结构，木材身轻，尽管有着榫卯结构，但是并不足以保证房屋的稳定性，为了防止大风破坏房屋的稳定性，人们便想出了建造厚重屋顶的方法。

当然，古人也意识到了屋顶的繁重，因此在屋顶装饰上往往采用更加明快的颜色来减少房屋的低沉感。尽管有如此庞大的屋顶，但是不会产生积水漏雨的现象。工匠们利用各种科学原理将屋顶的曲线控制在能够让雨水最快落下的角度，这样一来，当出现降雨天气时，雨水便能迅速从屋顶流下。

不仅如此，屋顶曲线还有利于冬季的采光和夏季的遮阳：寒冷的冬季，温暖的阳光也能照射进室内；炎热的夏季，不会有一丝多余的阳光溜进屋里。

这样看来，古建筑的屋顶不仅仅是造型独特、外观华丽，还能满足人们居住的需求，可以说是美观又实用。看到这样华美的屋顶，我们也不得不感叹这些屋顶建设者的设计之精巧。

五、"承上启下"的斗拱

斗拱是中华传统建筑的显著特征之一。现在城市建筑中几乎很难看到斗拱的存在，如果要观摩斗拱的模样，还得去参观各地的古建筑。

人们在建筑中使用斗拱的历史，最早可以追溯到三千年前。《论语》中曾经以"山节"称呼斗拱，意思是像山一样层层叠起。

"斗"是指立柱顶部呈突出状的实木，"拱"是指立柱顶部水平放置的实木，二者合成斗拱，斗拱以榫卯形式相连接，一层又一层地紧密分布在屋顶与木架之间，是我国古建筑特有的一种关键木制部件。

斗拱的造型别致独特，似弓形，有些斗拱上还被人们以青红色的油料浸染，是我国古代建筑中最精巧、最华丽的部分。

为何人们要将一个置于屋顶与立柱之间的小小部件称

为中华建筑中最精巧、最华丽的部分呢？这还要从斗拱的作用说起。

最早人们认为，斗拱存在的作用就是装饰建筑。如果在屋顶与立柱的交界处，不加以装饰其他部件，二者的连接就显得不自然，因此古人设计出斗拱。

斗拱的确是一种极具装饰性的部件。人们可以在斗拱上雕刻各种造型装饰，还可以用各种颜色衬托屋顶。现存的许多精美建筑，其斗拱都装饰得十分繁美，富有风味。由此看来，我们确实可以将其称为古建筑中最华美的部分。

不过，后代的建筑学家认为，古建筑中常出现的斗拱，不仅具有装饰作用，还具有分摊屋顶重量的作用，可以使屋顶的重量更加均匀地传递到立柱上。

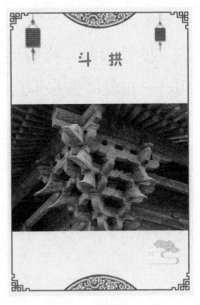

通过有关屋顶知识的阅读，我们知道古建筑的屋顶十分巨大。如果将这一巨大物体的重量不加过渡地直接施加在接触面很小的木架结构上，木架就极易因承重过大而倒塌。为了增加房屋的稳定性，古人就想出了以斗拱传递重量的方法。

人们制作出多个"斗""拱"，以榫卯结构将其连接起来，放置在立柱与屋顶之间，一层又一层的斗拱，既扩大了屋顶与立柱的接触面积，又以多层次的榫卯结构增加了房屋结构的稳定性。这样一来，房屋就更不容易坍塌。斗拱这样一个小小的部件竟然有这样巨大的作用，也难怪人们将其看作古建筑中最精巧的部分。

后人基于斗拱的特性，用一个四字成语形容其作用——承上启下。不过，这一承上启下的斗拱，却没有在元朝之后继续大放光彩。随着人们对于建筑物结构的改造，斗拱的承接作用逐渐减弱。最终，斗拱成为古建筑的一种装饰。

尽管如此，我们却无法忽视斗拱之于传统建筑的作用——正是因为有了它的存在，中华建筑的历史才格外丰富多彩。

六、古建筑的"躯干"——墙壁

砌墙这项工作，相比于之前的工序显得有些枯燥。无论是土墙、砖墙，还是木墙，砌墙终归是一项简单的重复性工作。

墙壁可以说是传统建筑中最不起眼的部分。它虽然不起眼，却是整个建筑实用性的表现。人们修造房屋无非就是居住，这样一来，防寒保暖、抗风防雨就成了房屋构建的主要目的。因此，墙壁也显得十分重要。

常见的墙壁分为土墙、木墙、石墙、砖墙几种类型，其中最为古老的应当是土墙。土墙可以分为夯土墙和土坯墙。夯土墙，顾名思义，是以泥土压实制成的墙壁。古人在建筑夯土墙时，常常会以两个木板作为夯土的模具。在模具中加入一层又一层的泥土，以特制的夯土工具反复捶打，夯土墙就完成了。

如今我们在一些原始建筑遗址、秦长城遗址以及大明宫遗址中仍然可以看到夯土墙的痕迹。只不过,这些夯土墙中有些加入了砂石、石灰和植物藤条等材料。

土坯墙是以固定大小的模板,将泥土分别夯实成为一块一块的土砖,再以土砖搭建起来的墙壁。这种墙壁在我国民间的应用十分广泛,至少在 20 世纪 90 年代的农村,我们还时常能看到以土坯砌成的土墙。

土坯墙最突出的特点应当是价格低廉。虽然泥土的选择有一些特殊讲究,但是相对于砖墙而言,它的价格更容易被人们接受。但是,土墙有一个巨大的缺点——容易渗水。夯实泥土虽然能够减少雨水浸泡的可能,但是却不能完全阻隔雨水。随着时间的推移,土墙会逐渐被风雨侵蚀,坍塌的可能性也会随之增加。

在土坯墙的基础上,人们逐渐开始以砖为主修筑墙壁。砖是经过砖窑烧制形成的。相比于土坯墙,砖墙更加结实耐用,更能保证房屋的质量。

常见的砖墙有条砖墙、空心砖墙和空斗墙三种。条砖墙是最为常见的墙壁,它是以大小一致的砖累积砌成的墙壁。目前出土的古建筑遗迹中最早的条砖墙为战国时期一个冶铁场通风井的墙壁,这说明至少在战国时期,我国古人就已经开始用条砖造墙了。这种条砖墙也一直使用至今，我国农村的砖瓦房大都采用这种条砖墙。空心砖墙则是以空心砖垒砌的墙壁。这种砖的体积较大，常常被用于修筑陵墓墙壁。空斗墙是一种用盒状的砖砌成的墙壁，砖心或被加以碎石、泥土，或者直接中空。这种空斗墙一般不作为房屋的承重墙使用。除了砖墙外，木墙也时常会在古建筑中出现。我国南方的木架式建筑常常用木材做墙壁。

　　无论是中华传统建筑还是现代建筑，墙壁都是必不可少的建筑构件。从土墙到砖墙再到如今的水泥墙，墙壁在历史的发展中日渐坚固。这些用料不同的墙壁，最终成了中华建筑文化的一部分。

七、色彩与雕刻结合的建筑装饰

　　墙壁修筑完，房屋的大体构造就完成了。只要将门窗装好，再进行一番装饰，整个建筑的主体部分就修建好了。现在我们来观赏一下古人对建筑的装饰吧！

　　木架为主的古建筑，给了工匠诸多施展装饰技法的空间。不管是完美的彩绘艺术还是精湛的雕刻技法，我们都能在古建筑的装饰中找到。

　　彩绘是建筑装饰中最为常用的方法。人们给建筑的屋檐、立柱、门、窗等木制构件涂上大面积的、缤纷多彩的颜色，一方面用以保护木材不被风雨侵蚀、虫蚁叮咬，另一方面也可以成为一种装饰。

　　这些彩绘装饰并不是任凭画师随意绘制，一般是一些带有吉祥意义的图案。汉代的建筑彩绘常用云朵、植物、灵芝等自然景物，这些景物的背景大都以红色为基调。唐宋时期，建筑彩绘的花色变得更为丰富，植物花纹、几何图形、龙凤纹等开始被人们用于彩绘。并且，此时人们开始将彩绘的基调由红色向冷色调转变，比如青色、绿色等。这主要是由于我国古建筑的墙壁多使用红色和黄色两种颜色。以冷色彩绘装饰屋檐、立柱等小型建筑部件，不仅能与墙壁的明亮色彩形成对比，还能使屋檐显得更加深邃。明清时期，建筑彩绘已经不再将绘制图案局限于植物等简单图形，而是开始在建筑中绘制大面积的山水、人物、鸟兽、鱼虫等。

同彩绘一样，雕刻也常被用于门梁、立柱等建筑部位。尤其是明清两代，木雕工艺发展十分迅速，人们在建筑中添加了更多的雕刻装饰。这些木雕工艺不仅存在于屋顶上，也存在于整个房梁的表面，立柱也是雕刻花纹的最佳地点，更不用说人们经常开关的门窗。这些图案大都代表着古人对生活的寄托，或是祈求吉祥富贵，或是追求清新脱俗，或是为了增寿添福。

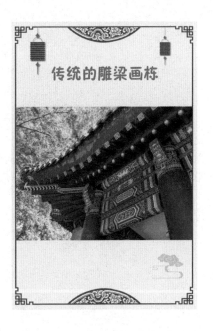

传统的雕梁画栋

除了木雕之外，我国建筑中

还常常使用砖雕和石雕。最早的时候，人们制作砖时在模具中刻花纹制花砖。随着工艺水平的提高，砖雕逐渐变成一种主流装饰。人们在家中的各种隔挡设施中使用砖雕，比如影壁、花墙等建筑物上都使用砖雕工艺。

石雕则是用各种工具在石头上进行雕刻的工艺。我们常常能看到贵族府门前放置的各种凶兽，这些凶兽就是石雕的产物。除了院门的石雕，其他石雕则常见于台基、栏杆、柱身等石质建筑上。

在诸多传统建筑中，我们能够看到大量彩绘与雕刻。这些独特的装饰形成了深刻的文化烙印，深深地刻在了传统建筑的文化血脉中，至今仍然散发着浓郁强烈的芬芳。

第四章

美轮美奂的
建筑奇观

一、皇权威仪——宫廷建筑

我国历代帝王当中，有不少儒家学说的倾慕者，但是他们通常不会听从儒家倡导的"民为贵、君为轻"的思想理念，而是以儒家的"礼制"控制人民，在权力的顶端享受荣华富贵，筑造华美的宫殿。

古籍记载，至少在三皇五帝时期，我国就已经有了"宫"的定义。《易经·系辞》有"上古穴居而野处，后世圣人易之以宫室"，《世本·作篇》中有"尧使禹作宫室"，《史记·夏本纪》有"（禹）卑宫室，致费于沟减"等记载，至少证明在尧帝时期，中国国土上就有了"宫"这一建筑。

"殿"原意为高大的房子。汉朝时期，人们逐渐将"殿"也作为皇室建筑的一种称呼，比如《汉书》中有"有举孝子者先上殿"的记载。

再后来，"宫殿"一词就成为皇室建筑的专用名词。自宫殿出现以来，无论是秦朝的阿房宫、汉朝的未央宫、唐朝的大明宫，还是明清时候的故宫，无一不展示着皇权的至高无上。

秦始皇建造的阿房宫被誉为"天下第一宫"。北宋宋敏求撰写的《长安志》中记载："秦阿房一名阿城。在长安县西二十里。西、北、（东）三面有墙，南面无墙，周五里一百四十步。崇八尺，上阔四尺五寸，下阔一丈五尺。"以现在的尺寸丈量书中描述的大小，阿房宫大约占地 15 平方千米，由此可见阿房宫之大。杜牧在《阿房宫赋》中有"廊腰缦回，檐牙高啄；各抱地势，钩心斗角"的描写，可见阿房宫之华美。

汉高祖建造的未央宫规模也十分浩大，是我国古代极具代表性的宫殿建筑群之一。未央宫的占地面积约有 5 平方千米，约为紫禁城的七倍。宫殿之中分布着亭台楼阁和山林池鱼，深深影响了后代的朝堂宫殿建筑。

我们知道，古代建筑有一个重要的特点——中轴对称，这一特点至少在西汉建筑中就已经出现。然而，早期的轴线对称并不是建筑的主要纲领，人们在规划建筑物时也没有完全按照这一要求进行规划。

到了隋唐时期，建筑工匠才将这一特点作为纲领，应用到建筑中。隋朝建成的太极宫，虽然经过唐朝的修缮改建，但是我们从历代古籍中仍然可以看到轴线对称的基本特点。大明宫的建筑则完全遵循了太极宫的建筑布局。工匠在设计大明宫时，按照大明宫的地理位置，以四方对称、轴线相合这一布局原则进行宫殿布局，最终使得大明宫呈现出中线对称、三路贯通的特点。也正是从此开始，帝王的宫殿才真正意义上成为传统建筑中轴对称特点的代表。

明朝紫禁城也是这一特点的典型代表。明太祖朱元璋建立的明王朝宫殿最初选址在南京，明成祖即位后，开始着手在北京修筑宫殿，也就是我们如今说的紫禁城，即北京故宫。

故宫位于整个北京城中轴线最中心的位置，外朝的三大宫殿太和殿、中和殿和保和殿处于故宫的中心。向北的中轴线上为内廷的中心，即乾清宫、交泰殿和坤宁宫三座宫殿，这三座宫殿俗称后宫。可以说，这六所宫殿就是故宫中最为重要的宫殿建筑，也是宫殿中轴对称的重要代表。

另外，宏伟壮丽依然是这个时期的宫殿建筑特色。不过，相比唐朝大明宫大气、朴素的装饰，明清故宫的装饰更为精致华美。工匠致力在细节，建筑、屋顶、斗拱、立柱、门窗、栏杆等细枝末节之处，都是匠人们装饰的主要部位，各种精巧的图案、缤纷的彩画随处可见。整体的装饰则更多地凸显皇权的高贵，金色和红色的运用更凸显了建筑物的恢宏壮丽。

综合整个历史变迁中的宫殿建筑变化，可以看出，无论建筑物的形态和规模如何变化，任何朝代的宫殿都尊崇对称、精美和宏伟的建筑特色。作为中华传统建筑的主要代表，宫殿建筑不仅是高贵皇权的外在表现形式，也代表着中华传统建筑的最高水平，是古建筑文化的艺术巅峰。

二、寄托憧憬的建筑——祭坛

代表皇权威仪的建筑除了宫殿之外，还有两种特殊的建筑形式——祭坛和陵墓。这两种建筑可以说伴随中华千年历史历代传承，不管哪个王朝，祭坛和陵墓都是必不可少的重要建筑。我们先来介绍祭坛。

古语说："国之大事，在祀与戎。"祭祀作为古代的一大要事，常常被安排在各种宏伟的祭坛之中。祭坛的出现，与人们对自然、祖先和神灵的崇拜和敬仰有关。这种敬仰和崇拜主要体现在人们对祭坛的修建上。

出土于浙江余杭的良渚文化祭坛距今大约有 4000~5300 年之久。这座祭坛的底部为泥土堆砌的小山，土山顶层建有一座方形的红台，红台周围为 2 米多宽、内部填满灰色泥土的围沟，围沟西北两侧还建有石块堆成的坎阶。由此可见，在封建社会之前，人们就已经开始建造祭坛了。

到了封建社会时期，祭坛普遍成为帝王重要的祭祀活动场所。祭祀活动包括祭祀天地、日月、社稷等仪式。

祭祀天地是每个朝代最重要的祭祀活动，其所采用的祭坛规格也最为宏伟。天坛和地坛是祭祀天地的祭坛中最具有代表意义的建筑。明永乐年间，明成祖朱棣决定将都城由南京迁往北京，人们在着手建设紫禁城的同时，也开始修建祭坛。天地坛，也就是如今我们所说的天坛，就是这一时期的产物。

天坛周围以两重围墙包围，整体呈现"回"字形。"回"字内部为内坛，内部设有圜丘坛、皇穹宇、祈年殿和皇乾殿等建筑。这些建筑分别被用于各种祭祀活动。整个天坛占地270万平方米，其建筑面积、建筑布局、建筑形式和建筑装饰都极其罕见，是我国目前保存下来的最大的祭祀建筑。

庄严的祭祀场所——天坛

天坛是明嘉靖之前用于祭祀天地的场所，后来，天坛的这一功能也有所改变。嘉靖年间，皇帝听从众臣分建天坛和地坛的想法，开始分设祭祀天地的祭坛。原来的天地坛，即天坛，成为专门祭祀天神的祭坛，而方泽坛（现在的地坛）则是重新规划建筑的、用于祭祀地神的祭坛。

方泽坛总面积 37.4 万平方米，是我国现存最大的祭祀土地的祭坛。方泽坛的建筑和构造中多运用方形，从地坛的平面、围墙到拜台的建筑和装饰，方形元素的出现频率极高。同时，在设计建造时，地坛更多地使用更为稳重的颜色和装饰，旨在突出大地的稳重和安定。

天坛和地坛代表着我国祭坛艺术的顶峰。作为一种祭祀自然的功能性建筑，它们曾经是帝王每年必到的场所。随着社会的进步和人们思想的解放，这些建筑最终失去了它们原有的功能，成为人们休闲娱乐的观赏场所。

祭祀日月、社稷等活动的重要性低于祭祀天地。基于这个原因，古人在设计这些祭坛时会参考祭祀天地的祭坛大小，使得日坛、月坛以及社稷坛的规模小于天坛、地坛。比如明嘉靖年间，皇帝在北京都城的东西郊区分别建筑有日坛和月坛。这二者的规模较小，且其祭祀活动的礼仪也较为简单。此前，明朝的日月祭祀均在祭祀天地后附加举行。

社稷坛则是古人祭祀社（土地神）、稷（五谷神）两神的祭坛。中国古代以农业为主要产业，人们认为农业的丰收完全取决于社、稷两神的庇护，因此，每年的秋季，帝王都要在社稷坛举行祭祀活动，以保国家丰收、国运昌盛。

总的来说，祭坛在建设上常与所祭祀的神明相关。人们将对天地、日月、社稷等神明的崇敬融入祭坛，并在祭坛建筑中加入古人独有的方圆布局、阴阳风水等哲学理念，以期待自然神明的庇佑。不得不说，祭坛不仅是古建筑中的璀璨文化，也是我国古人多元思想和灿烂文化的现实写照。

三、陵墓：帝王的坟墓

除了祭坛之外，我国还有一种独特的建筑形式——陵墓。如果说祭坛是人们对自然神明表达憧憬的一种建筑形式，那么，陵墓就是皇室贵族对祖先表达哀思的一种建筑形式。

陵墓是对帝王坟墓的一种特定称呼，是古代建筑中一种特殊的形式。

陵墓建筑的出现与我国阴阳学说的观点有关。古人认为，人死并不代表消失，人的灵魂会继续存在，且这个灵魂会继续在"阴间"生活。而死后之人在"阴间"的生活质量，与坟墓的华美程度有极大关系。帝王是古代的最高阶层，因此他们死后的墓穴也是最高的规格。

陵墓的主要功能是放置棺椁，如何让棺椁完好无损地在地下保存是古人需要解决的首要问题。商周时期，人们保存棺椁最典型的方式是修建木质陵墓。这种陵墓多以短木垒制，棺椁置于木质墓穴中，再以大块的木板铺盖，这样棺椁便不会直接接触泥土。这种陵墓虽然能够抵御潮湿，但是容易遭受虫蚁的侵蚀，因此也不利于棺椁的保存。后来，人们想到以砖石结构来垒砌陵墓。这种陵墓相较于木质陵墓而言更加稳定，还能够防水防虫，是较为安全的陵墓形式。

解决了棺椁的保存问题，人们还有另外一件需要考虑的事项——防盗。我们知道，越是豪华的墓穴，其中随葬的珍宝越多。如果陵墓不具有防盗功能，那这些珍宝便很容易被盗贼窃取。

防盗的主要方法是加高陵墓的高度、增加陵墓的地下面积。

帝王陵墓的高度，古人将其称为封土，也就是我们俗称的坟头，即高于地平面的土丘。

唐代乾陵遗址

加高封土是防止盗墓的一个主要方法。这样一来，盗墓者便不容易将墓穴掘开。著名的秦始皇陵采用的便是这种防盗方法。根据史书记载，秦始皇陵原始的封土高度有 115 米，即便是千年过后的今天，其封土仍然有 76 米之高。

当然，加高封土并不是一种保险的方法。为了加强陵墓的防盗属性，人们开始改变封土的形制。以山为陵是一个不错的选择。相比于封土的形式，凿山而成的陵墓更加坚固。历史上第一个采用这种陵墓的为汉文帝，此后，唐太宗也曾以山为陵。然而，即便是以山为陵，这些帝王陵墓仍然遭到了多次盗窃。

陵墓地下面积的扩张，可以通过扩大地宫面积的方式做到。地宫，也就是前文所提到的放置棺椁的场所。地宫的面积越大，盗墓者找到珍宝所在的可能性越小。根据史书记载，秦始皇陵的地宫面积至少有 56.25 平方千米。如此辽阔的地下宫殿，想要找到帝王棺椁，可以说是"大海捞针"。

不过，地宫的存在并不仅仅是为了防盗，其还有一个重要的功能，即充当逝者的地下宫殿。《史记》中记载秦始皇陵的地宫："穿三泉，下铜而致椁，宫观、百官、奇器珍怪徙藏满之……以水银为百川江河大海，机相灌输。上具天文，下具地理，以人鱼膏为烛，度不灭者久之。"由此可见其皇陵地宫的华美。

后人多沿用秦朝时的地宫设计。在进行陵墓设计时，人们除了关注陵园建筑外，更为关注的是地宫的设计。汉武帝的茂陵、唐高宗的乾陵、明太祖的孝陵等，全都布置了奢华的地宫。可以说，帝王生前的荣华富贵，一直延续到了死后。

如今，这些令世界惊叹的地下建筑正在随着考古学家的脚步一步一步展现在世人面前。人们在欣赏这些蔚为壮观的地下宫殿的同时，不得不感叹古人设计构思的精妙和建筑技法的高超！

四、古朴典雅的园林艺术

园林建筑是中国历史上一种为人熟知的建筑类型。它将山水、花鸟、鱼虫、树木与住宅巧妙地结合在一起，构成了一幅自然与人文的和谐景象。下面，我们就来欣赏中国园林的建筑之美。

园林的建筑历史，最早可以追溯到汉代以前。不过，此时的园林仅仅是作为日常生活、畜牧养殖以及郊游娱乐的场所。慢慢地，园林建筑不再仅仅是居住的场所，而且成为人们的精神家园。

魏晋南北朝时的中国正处于一个混乱的时期。人们厌恶现实生活，向往田园自然，想要返璞归真。以陶渊明为代表的士人，开始追求"采菊东篱下，悠然见南山"的田园生活。人们将住宅选址在山林中，在庭院中种植花草，以享受自然带给他们的畅然。这个时期，住宅逐渐由满足基本生活需求的建筑转而成为精神寄托的载体，这种变化为我国后来园林建筑的兴起打下了坚实的基础。

唐宋时期，人们的物质生活水平得到了巨大的提升。在经济发展的加持下，园林建筑也开始了自己的飞速发展。人们开始在居所和庭院中加入山水等自然景物元素，以使居所更加具有自然美。但是，这个时期的园林建筑多不成气候，人们虽然喜爱山水风景，但是居所设计还没达到人与自然浑然一体的境界。

园林艺术发展的全盛时期应当是明清两朝。明朝后期，人们对园林的喜爱达到了巅峰，佛教、道教等宗教的发展，使得人们的思想更加开放。同时，朝堂纷争不断，一些自恃清高的士大夫不愿参与官场生活，希望像陶渊明等田园派一样返璞归真、回归自然。这些士大夫大都积累了一些钱财，在社会环境的影响下，建造园林之风开始盛行。

最为知名的园林建筑为地处江南水乡的苏州园林。根据《苏州府志》的记载，南北朝时期，苏州有园林14处，唐朝有7处，宋朝有118处，明朝有271处，清朝有130处。通过这些数据可以看出，明清时期确是园林艺术的巅峰时期，此时苏州修筑的园林总数已经达到 400 余处，苏州也成为我国名副其实的园林之乡。

不过可惜的是，有些过于悠久的古典园林如今已经消失，留下的建造精美的园林大都是明清时期的，如拙政园、留园等。

拙政园是如今苏州园林中留存面积最大的一座古典园林。此处原为唐代诗人陆龟蒙的居所。随着时代变迁，这座宅院被官场失意的明朝大臣王献臣买下并打造成如今的景象。

拙政园的整体特色：以水见长、错落有致、草木鼎盛。水在园林中的运用别有韵味，普通园林中的水多为点缀，而拙政园中的水则不同，是引人欣赏风景的引线，竹篱、茅亭、草堂、庭院、阁楼、假山等都依水建成，想要欣赏这些风景，沿着潺潺水流行走即可。

错落有致主要体现在建筑物的风格上。园中的建筑外形各具特色，高低错落的亭台楼阁使园林景色更加蜿蜒曲折、若现若隐，别有一番风味。

草木鼎盛则体现在园林花草树木的运用上。拙政园素来以"林木绝胜"著称。自建园以来，园中景观便以植物为奇，有桃花、竹林、荷花、紫藤、冬梅，每个季节都有别样的植物以供欣赏。这些植物的风景，无一不让人流连忘返。

　　古典的庭院、秀丽的山水与风雅的植物结合，使得园林风景格外古朴典雅。这些内敛含蓄的园林艺术不仅反映了我国古代建筑工匠高超的建筑工艺，还展现了我国江南水乡独特的人文风情。更为重要的是，在这些园林身上，我们还能感受到居住人别样的生活情趣和精神文化。可以说，园林艺术是我国乃至世界非常重要的一种建筑遗产。

五、雕梁画栋的亭台楼阁

杜牧在《阿房宫赋》中以"五步一楼，十步一阁"形容阿房宫建筑物的密集，楼、阁到底有什么区别呢？还有人们常说的"亭台"，它们又是什么呢？

亭台楼阁这个成语现在泛指供人们游玩、休息的建筑，然而在古代，亭、台、楼、阁却是四种不同的建筑。

《说文解字》中释义"亭"字为"民所安定也"，可以说，亭是一种供行人休息、乘凉或者观赏的建筑。它常被用于宫殿或者园林中，多建筑在水池与行路附近。

"有顶无墙"是亭的基本形态。亭的屋顶往往六角或者八角，屋顶以四根或者八根立柱承接，立柱与立柱之间不垒墙壁。作为一种临时休憩的建筑，亭的中心往往放置石桌和石凳，游玩的人们旅途劳累时，便可以在石凳上稍事休息。

不过，休憩观景并不是亭这种建筑最初的功能。周代时，亭是一种边防堡垒，主要作用是防守边关要塞。秦汉时期，亭是村落乡镇的治安场所。以治安办公为主要目的的亭中常设有两个官吏，其中一人负责亭的开闭扫除，另一人负责盗贼缉捕。再后来，到了魏晋南北朝时期，人们逐渐将亭作为交通要道附近的"歇脚"建筑。这一功能一直沿用至隋唐。隋唐时期，亭还出现了另外一种功能——点缀庭院。这时候，它逐渐成为家庭院落中的一种景观建筑。随后，亭的点缀功能被广泛运用于明清的园林建筑中，成为园林或者宫殿中最富有特色和诗意的一种建筑。

"台"是我国古建筑中的一种基础建筑。前面在介绍传统建筑的建造流程时曾经提到，传统建筑都是建筑在一层高台上，这层高台就是亭台楼阁中的台。

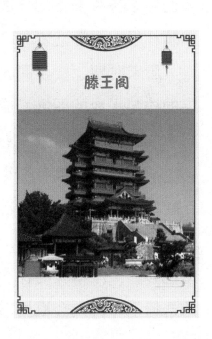

《说文解字》中释义"台"字为"观四方而高者也"。台这种建筑，素来就被人们用作各种建筑物的地基，宫殿、祭坛以及楼都是建筑在台上的。

接下来，我们来看传统建筑中数量最多的楼和阁。根据《说文解字》中的释义，"楼"应当是"重屋"，即我们所说的多层建筑。古人从穴居生活发展到建房居住，对于高层的向往从来都不曾改变。台的出现是向往高层的一种体现，同样，楼的出现也是如此。追逐高处，不仅是为了满足人们防寒防潮的基础需要，更重要的是体现出人们对于奢华和等级的向往。随着土木技术的发展，楼这种建筑逐渐成为中国人喜爱的一种建筑形式。

阁虽然与楼一样被人们喜爱，但其不是一种高层建筑。古文中并没有关于阁的详细记载，不过，人们通过总结阁的作用，将阁定义为平地建起的房屋建筑。阁最早被人们用于各类书籍的存放，后来逐渐演化成为宫殿、庭院和园林当中的常见装饰建筑。

唐宋时期，楼与阁的形制开始出现了融合的现象，多层的楼与平地的阁慢慢成为同一种建筑。楼阁自此成为高层木质建筑的统称。

亭台楼阁虽然有细小的差别，但是在装饰方面，却是互通的。以雕梁画栋来形容亭台楼阁的装饰最为贴切。在亭台楼阁的立柱上雕刻出造型各异的图案，并装点上丰富的色彩，一座木质的朴素建筑就焕然一新。在图案和色彩的选择上，古人会根据周围环境、建筑风格以及主人的喜好进行取舍，进而形成或者艳丽夺目，或者素雅古典的风格。总而言之，匠心独运的古人总能将这些装饰处理得自然妥帖。

这些雕梁画栋的亭台楼阁，以其复杂的形式和丰富的内涵成为中华传统建筑中的主力军。在千百年的历史中，它们不断变化、发展，以其独特的建筑艺术赢得人们的喜爱。

六、普度众生的佛寺建筑

西汉时期传入我国的佛教，是对我国影响最为深远的宗教。它对于中国的影响，不仅存在于人们的精神思想中，还表现在我国的传统建筑中。

佛教起源于印度，西汉时期，佛教经西域传入中国。经过千年的发展，佛教逐渐在我国生根发芽，并逐渐与汉文化融合，成为中国特有的"汉传佛教"。这种独特的宗教形式，在与汉文化融合的过程中，也催生了一系列具有中华传统特色的佛寺建筑。

传统的印度佛寺建筑为佛塔。最初的佛塔是土木建筑，是以木材的榫卯结合而建起的高层建筑。佛塔常处于佛寺庭院的正中心位置，被庭院包围，接受来自四方信徒的礼拜。后来，人们将这种庭院包围佛塔的建筑形式称为廊院式佛寺。

随着佛教的发展，人们对于佛寺的需求逐渐增加。由于廊院式佛寺的建筑速度过慢，一些信徒开始将自己的宅院捐献给佛寺使用。这种行为导致我国佛寺建筑的形态出现了一些改变。可以说，这些宅院的建筑风格也在一定程度上影响了佛寺建筑。

随着时代发展，佛寺建筑出现了一种新的形式——院落式佛寺。我们知道，中国传统住宅遵循中轴对称、规则分布的特点，这一特点也被运用到佛寺建筑中。院落式佛寺的主建筑不再是佛塔，而是改建为主寺庙和辅助配殿的形式。主寺庙也就是主殿，一般位于佛院的中轴中心，左右两侧为对称分布的配殿。院落的结构与四合院类似，在主殿和偏殿的基础上，院落的四角也开始建造一些其他用途的建筑。

这种佛寺的格局，相比于高层的佛塔更富有生活气息，也能容纳更多的佛教信徒。在这样的情况下，一些喜好佛教的文人开始将佛寺当作他们集会的场所。此时的佛寺，已经不仅是一种供人们礼拜的宗教场所，也开始成为人们活动的公共场所。

除了廊院式佛寺与院落式佛

寺，我国历史上还有一种特殊的佛寺建筑形式——山林式佛寺。顾名思义，这种佛寺是建筑在山林之中的。在地形选择上，山林式佛寺更加倾向于选择在山间的平地上进行建造。

多面环山是这种佛寺的显著特征。以杭州的灵隐寺为例，这座东晋就建造完成的寺庙，背面靠着北高峰，面朝飞来峰，隐匿于树林之中，可以说是山林式寺庙的代表。

除了环山的特点外，这类寺庙也多以中轴对称的方式建造。只不过，这类佛寺当中仅有一些重要的建筑位于中轴，且呈对称分布，其他的一些辅助性建筑多错落排列，大小高低有所不同。

除了以上三种建筑外，有些佛寺会融合三者的特点。如一些佛寺中既有佛塔，又遵循院落式佛寺的风格特征对称排布，也有将佛塔建筑于山林之中的。总而言之，这三种基本的佛寺建筑类型便是我国佛寺建筑的主要形态，不论佛寺建筑如何变化，都不会脱离这三种基本的佛寺形式。

在建造佛寺的过程中，人们也开始将传统住宅建筑中对自然景物的运用加入佛寺设计中，开始在佛寺院落中添加各种让人心旷神怡的景观。其他一些以中国传统彩绘为主的装饰技巧也被人们广泛使用在佛寺建筑中。尽管佛寺的装饰风格偏向于沉稳，但也给佛寺建筑增添了神秘的美感。

　　从西汉至今，佛寺建筑经过两千年的历史发展，其建筑灵魂中的异域风情开始逐渐削弱，取而代之的是中华传统文化的加深。在历史的长河中，佛寺这种宗教建筑最终完美融合了中华传统建筑的艺术风格，成为我国众多特色建筑中引人瞩目的一种建筑形式。

七、跨水越河的各色桥梁

幅员辽阔的中国土地上遍布着各种河流。在桥梁出现之前，人们想要越过河水去往对岸，往往要翻山越岭，走很长的路程。智慧的中国人为了省时省力，便发明了桥梁这一跨越河水的建筑物。有了桥，人们只用很短时间就能到达彼岸。

古语有云："高而曲者曰桥，以通两岸之往来也。"桥梁，是人们跨越河流的重要工具。数千年来，中国古人建造了无数桥梁，有木桥、竹桥、藤桥、石桥、铁桥等不同材质的桥梁。这些桥梁遍布中国大地，连接着四面八方，构成我国四通八达的交通网络。

桥梁的出现，与人们对大自然的认识和观察密切相关。自然界中存在着许多天然桥梁，如巨木倒下形成的独木桥、藤条交织形成的藤桥、石块落地形成的石桥等。凭借这些天然桥梁，人们可以顺利通过一些河流、峡谷。

但是，这些天然形成的桥梁位置特殊，往往不能满足人们的需求。在这种情况下，人们便开始仿照这些自然桥梁建造人工桥梁。

最早的人工桥梁就是仿制独木桥建成的。随着社会的发展，各种形式的桥梁慢慢出现。桥梁发展的第一个阶段为春秋战国时期，此时的建筑水平较低，所以人们只能将桥梁建造在地势平坦、水流缓慢的河道上，且这些桥梁大都由木材制成。以木梁为主的小木桥和浮桥是此时最多的桥梁。

木梁桥是一种在水下立柱，再在立柱上铺设木板的桥梁。浮桥则是以船只或者其他能够浮于水面的物体为载体，在载体上铺设木板的桥梁。面对水流平缓的河面，人们常采用木梁桥的形式，如果水流较强，则采用浮桥的形式。由于浮桥的载体不固定，且搭建较为便捷，所以它常常作为军事桥梁使用。

桥梁发展的第二个阶段为秦汉时期。这个时期，人们开始建造砖石桥梁。木制桥梁有一个非常明显的缺点——遇水易损。为

了提升桥梁的安全性和稳固性，砖石桥梁便替代了木桥。桥梁结构也发生了较大改变，以往的木梁桥和浮桥已经不是主流，拱桥、索桥开始出现。

拱桥是一种半月形的桥梁，是以拱为主要承力部分的桥梁。向上突起的桥面和拱能够将桥面承受的向下的力分散到其他方向，使桥面不易出现坍塌和崩解。索桥则是一种以悬挂于两岸的绳索为主要承力部件的桥梁。秦汉时期的索桥是以竹子为主要材料制成的，常常被放置在水流极其湍急的高峡之上。

桥梁发展的第三个阶段为隋唐两宋时期。这也是我国桥梁发展的全盛时期。商业的繁荣使得城市交通得到了很大发展，人们开始建造大量的桥梁。如隋唐的赵州桥，北宋的虹桥、万安桥，南宋的广济桥（亦称湘子桥）等，都是这个时期建成的。

隋唐两宋之后，我国的桥梁建筑不再有大的成绩。明清时期，人们仅仅是对大型桥梁进行了修缮，并未建造出令人惊叹的桥梁。

纵观整个中华桥梁历史，我们可以发现，不管是何种形式的桥梁，都有如下几个明显特点。

其一，取材有道，经济实用。可操作性和实用性是人们建造桥梁时首先考虑的因素。春秋战国时期，人们以木造桥。秦汉时期，砖石桥梁成为主流。后来，钢筋混凝土逐渐成为桥梁的主材料。从材料的演变我们可以看出，桥梁的选材都是以当时的社会发展为基础，以经济实用为前提。

其二，结构精巧，恰到好处。桥梁的稳固性往往取决于桥梁的结构，古人观察自然万物的形态模拟出了各种形式的桥梁。这些结构精巧的桥梁，不仅承载了巨大的重量，而且稳固耐用，一些古桥甚至千年不倒。

桥梁的建造需要大量的石材砖块。在科技不发达的年代，人们需要将重达七八吨的石柱运往桥梁处，并将其架起成为桥梁的组成部分，过程应该十分艰难。然而，古人不仅完成了桥梁的修造，还以各种细节固化了桥梁。比如，人们在木架上铺设石板防止木梁被腐蚀、增加桥面重量防止水流冲击等。

其三，巧夺天工，精美绝伦。在耐用稳固的基础上，人们还增加了桥梁的装饰。石雕、木雕、彩绘等装饰手法被人们运用到桥梁修造中，各种奇特的造型也都出现在桥梁上。作为一种功能性建筑，桥梁还能起到装点城市的作用。

　　这些古桥作为中华文化的标志遍布江河湖海之上。人
们在认识桥梁的同时，也对古人的聪明才智发出了赞叹。
这些桥梁不仅给人们的生活提供了便捷，也为后世的建筑
史话留下了一段美丽的历史记忆。

八、中华传统民居——四合院

传统的民居建筑中，四合院最为典型。东、南、西、北四个方向建起的房屋将整个院落合为一个整体，不仅象征着房屋的和谐统一，也象征着居住之人的和谐统一。

与现代家家户户房门紧闭的高楼大厦相比，传统的民居建筑四合院显然更具温情。"麻雀虽小，五脏俱全"，大多数的四合院虽然院子窄小，但是居住其中的欢歌笑语却是人们无法忘怀的记忆。

传统的四合院常坐北朝南，北面为正房，南面为倒座与大门，东西两侧分别为厢房。这是最为简单的四合院组成形式，也是人们常说的"一进院落"。

"一进院落"代表着只进一个门。四合院的大门常常坐落在院子的东南角，选择这一位置是依据传统的风水学说。古人认为，东南角落的位置，在五行中属风，大门开在东南侧，取"顺风"之意，是希望四合院的主人出入平安。大门旁边为倒座房，这是一种向内建筑的房屋，通常不设窗户。封建时期的倒座房是院落中仆人的居所，后来也有人将其作为书塾或者杂间。

正房与大门相对，一般建三间。正房盖在正北侧也有原因，其一是正北方阳光充足，便于室内防寒，其二是正北方在五行中属水，盖在正北方的房屋有利于防火灾。正北的房屋，是整个四合院当中最尊贵的建筑，一般只能是院落的主人居住。正房的左右两侧各有一间耳房，耳房或者用于储物，或者有其他用途。

东西厢房则为子女居住的地方。一般而言，东侧居住的是长子和长子的家人，西侧居住的是次子与次子的家人。

以上是"一进院落"的主要结构，那么"二进院落"又是如何组成的呢？

"二进院落"有两层大门，其结构可简略以"日"字表示。"二进院落"的正房、耳房和厢房的位置不变，进入外侧大门的不远处会设置另一道大门，这道大门称为垂花门。大门、倒座和垂花门组成的院子是前院，垂花门、厢房、正房组成的院子为后院。"二进院落"中的后院是家中女眷活动的场所，古人所说的"大门不出，二门不迈"就是指女眷活动时不会越过垂花门。

"三进院落"的结构可以用"目"字表示。它在"二进院落"的基础上增加了一层后罩房。后罩房的位置一般在正房与左右耳房身后。由于后罩房处于庭院的深处，因此也常被用作女眷的居所。"三进院落"是四合院中最标准的结构，一般人家常建造此种结构的四合院。

"四进院落"和"五进院落"规模较大，人们一般在前院后加盖院落，前院为一进院，加盖的院落为二进院、三进院。这两种结构中，人们常将一进院作为大堂，用以招待客人，或者召开家庭会议。二进院和三进院为寝居之地，是主人与用人居住的场所。这两种结构的四合院，一般为王府或者富贵人家的居所，封建社会中的普通百姓不能建造这种大型院落。

通过以上内容，我们可以看出，四合院是中国传统民居中等级观念较为明显的一种建筑。从房屋的居住情况，我们可以看出明显的尊卑思想；从院落的布局，我们能看出传统封建社会的礼制特征。

也正是由于这种尊卑有序的等级制度，使得四合院成为明清时期最受欢迎的建筑形式。不仅在都城北京，在山西、湖南等地，四合院也都曾经作为传统民居出现，比如山西的乔家大院、王家大院，湖南桃花源古镇四合院等。虽然这些院落与传统的四合院有所区别，但本质上还是由正房、厢房、大门等几种基础的四合院建筑组成。它们与传统四合院一起组成了我国历史悠久的四合院文化。

四合院不仅展现了我国古人先进的制造技法，也蕴含着人们对建筑的审美思想，是我国宝贵的建筑文化遗产。

九、布局考究的徽州民居

除了四合院这一传统民居外，中国的民居建筑还有一个重要的流派，它就是徽州民居。这种以黑白为主色调的群聚建筑，在山水环抱之中向人们展露着其独特魅力。

徽州民居中的徽州，指今安徽省黄山市、绩溪县和江西省婺源县等地。秦朝以来，徽州温润的气候环境吸引了众多人来此定居，在这块风水宝地上，一座又一座的徽州建筑逐渐出现。

传统的徽州民居以木质结构为主，中华传统的建造方法同样适用于徽州民居。然而，徽州民居也有其特有的风格。

民居依山靠水，以阴阳五行为纲。观察如今留存的古徽州民居我们可以发现，徽州民居大都依山傍水，或者依靠山脉，或者在峡谷之咽喉，或者环水而建，或者处于水流交叉带上，这种建筑特点主要与当地人的风水观念有关。

商人重财，人们认为风水能够影响一个家庭的财运。徽州是徽商的发源地，这里的人们对于风水学说的观点深信不疑。山水是我国风水学中聚财敛运的事物，选好山好水为建筑地址，对于徽州人而言至关重要。基于这个原因，徽州民居才有了依山傍水这一特点。

徽州民居北向而开，院中开有天井。传统的中华建筑多为了采光而坐北朝南，即大门是向南敞开的。徽州民居则不同，它们的大门是向北敞开的。徽州民居大门的朝向特点，与我国自古流传的"商家门不宜南向，征家门不宜北向"的说法有很大的关系。在徽商聚集的徽州，人们认为朝南开的大门不吉利，所以都把大门朝向北方。

徽派建筑的天井

天井是徽州民居屋舍与墙壁围成的露天空地。一般的徽州民居多为四面建筑，这种建筑形式围成的天井四周均为屋顶。有些徽州民居大门的一侧为高墙，此时则形成一个三面为屋顶、一面为高墙的天井。有些人家只建立一侧房屋，此时天井则一面为屋顶，三面为高墙。

不管天井的四边如何组成，徽州民居的排水系统都是相同的——水向内流，再排出屋外。对于四周为屋顶的天井，徽州人常在屋顶下方设有长方形的阴沟，屋顶落下的雨水落入天井内设置的阴沟后排出。而对于三面高墙或者一面高墙的天井，人们让屋顶的雨水从高墙的瓦檐沟中流下来，最后汇聚至天井中排出。这种特殊的排水方法俗称"四水归堂"，徽州人认为水是财运的象征，从天而降的"财运"不能外流，因此要先将其汇集到天井再排出。

徽州民居色彩以黑白为主，夹带灰色过渡。"青瓦出檐长，马头白粉墙"是徽州民居最真实的色彩写照。民居的屋顶和屋檐一般为黑色瓦片或者灰色瓦片，墙壁为白色，黑白二色的结合使得依山傍水的民居显得十分突出。

在整个白色的墙壁中，马头墙的颜色十分明显。马头墙，又称封火墙，是人们为了防火而建造的墙壁，通常高于屋面，以高低错落的方式排布在墙壁和屋顶侧边，因为形状神似马头，所以人们便将其称作马头墙。徽州民居中普遍使用马头墙。马头墙通常被人们粉刷成黑色，在整个白色墙壁之间马头墙的黑色显得极为灵动、跳跃。

综合而言，徽州民居之所以出现以上风格特点是因为地理与人文两种因素的影响。地理上，徽州地处山地丘陵区域，木材产量丰富，给徽州民居提供了大量的建筑材料，所以徽州民居主要为土木结构。人文上，徽州民居仍然遵从天人合一的思想，将房屋建筑在山水之间，希望人与自然相互融合。加上徽商对风水学说的认同和应用，更加突出了徽州民居中的人文特色。

　　建筑是生活的缩影，是文明的象征。生活在徽州一带的人们利用他们的聪明才智创造了大量舒适、实用、美观的民居建筑。如今，这些建筑正向人们诉说着徽州的风雨历史。

第五章

少数民族的
建筑艺术

一、经济实惠的彝族建筑——"一颗印"

彝族是我国第六大少数民族。说起彝族，大部分人第一时间想到的就是彝族著名的节日——火把节，但是，除了这个传统节日外，彝族还有许多值得我们欣赏的传统文化，比如与汉族一同创造的建筑物——"一颗印"。

在我国的云南昆明，城市中坐落着许多如"印章"一般四方端正且高大的建筑，这种建筑被人们称作"一颗印"。

典型的"一颗印"常常为"三间四耳倒八尺"。所谓"三间"，指的是"一颗印"的正房，正房一般被人们分为三间。"四耳"指的是建筑的厢房，一般位于正房的左右两侧。传统的"一颗印"会在正房两侧分别设置两间厢房，也有的只设置一间厢房。"倒八尺"则是指"一颗印"大门的倒座。这种传统建筑的大门，常常居中与正房相对，大门内部会建造向内深八尺的门廊或者倒座（指与正房正对的房屋）。

正房、厢房与大门围成一个正方形，传统的"一颗印"的大致结构也就浮现在人们眼前。在层数选择上，人们可以选择加盖一层或者两层小楼，以增加建筑的容纳量。不过，不论是一层还是两层，"一颗印"的大体结构是不变的。

从细节来看，"一颗印"的屋檐常呈现出外短内长的特色。简单来说，就是"人"字形的屋檐，朝向墙外的一侧坡度较陡峭，长度较短；朝向墙内的一侧坡度较平坦，长度较长。短屋檐下，能够垒砌起更高的墙壁，有利于防风、防盗。

屋檐除了这个特点外，还有一个显著的特点，即正房的屋檐常常高于厢房。二者的屋檐均向天井（指正房、厢房和倒座围成的院落的中心空地）延伸。这些延伸出的屋檐，常常会遮盖住房屋的走廊，一方面是为了遮挡雨水，一方面也是防止强光直射。

正房与两侧厢房的走廊常常相连。不管是一层的"一颗印"还是两层的"一颗印"，人们在建造时都会将正房与厢房的宽度控制在合理范围，以做到二者走廊相连。两层的"一颗印"，人们会降低房屋的高度，以保证正房与厢房走廊的贯通。这样的设计更便于居住在"一颗印"中的家族成员或者乡亲邻里互相走动。

"一颗印"的装饰风格别具特色。民居的装饰离不开吉祥二字,"一颗印"也不例外。人们在选择装饰上更多倾向于牛头、日月、羊角、鱼、水波纹等图形。这些纹路大都被匠人雕刻在厅堂、门楼、栏杆和屋檐等处。

人们倾注热血在"一颗印"的建造和设计中,将这种传统民居打造成适合一方水土的建筑。它们不仅仅作为一种民居为人们喜爱,更作为一种独有的文化被人们继承。总而言之,"一颗印"这一传统民居形式不仅体现了我国人民高超的建筑工艺,也体现了我国人民乐于创造的文化精神。古往今来,它一直在云南的土地上散发着自己的魅力。

二、碉房：藏族传统民居

> 位于昆仑山脉与唐古拉山之间的青藏高原，不仅是我国长江和黄河的发源地，还遍布着众多连绵不绝的山脉。较为平缓的山坡上，时常能够看到一种独特的建筑——碉房。

碉房的历史，至少可以追溯至汉朝。根据《后汉书》的相关记载，碉房至少在汉代就已经出现。如今我们所熟知的碉房，是藏族人民依托青藏高原的气候、地理特点建造的一种独特住所。

藏族人民居住的青藏高原，不仅气候寒冷、空气稀薄，紫外线还十分强烈。这里地势险峻，砖瓦建筑不仅不能防寒保暖，还有可能因地势陡峭而难以建成。智慧的藏族人民看到山间陈列的怪石，想出了以石头为主要建筑材料建造房屋的方法。

人们依照建房地点的地势情况，将山石有序地堆砌成墙。这种墙壁的下层一般呈现大而厚的特点，主要是为了增加碉房的稳定性。越往上走，墙壁的宽度越窄，墙壁的厚度越薄。根据墙壁的高度，人们会适当将碉房分成多层，以满足日常需要。

碉房的这一特点，主要是为了减少施工的面积。在地势复杂的青藏高原，增加建筑物的地基面积，就意味着要付出更多的时间去堆砌地基，这往往会增加人们的工作量和工作强度。将地基缩小，层数加高，有利于提高工作效率。

碉房的屋顶常常被人们建造为一个平台。在这个平台上，人们可以晾晒衣物、处理粮食、散步娱乐……修建平台的原因也十分简单，在地势险峻的青藏高原，人们发愁没有平坦的地方活动，将碉房的屋顶设计成这样，正好能满足人们的需要。

西藏地区特有的碉房

碉房建成后，人们常常将底层用来饲养牲畜，二层作为屋主的卧室、储物室，三层则作为藏族供奉的经堂。

从远处欣赏碉房，我们往

往会发现一些造型奇特的窗户。传统的碉房很少开窗，一则开窗户会散热，二则防止雨水倒灌。碉房的结构为上窄下宽，向内收缩，这样一来，降雨便很容易从窗户进入室内。

但是，碉房又不能没有用于采光的窗户。如果没有窗户，即使是白天，室内也会像黑夜一般。于是，人们便将少数窗户打开，并且在这些窗户上修一些窄小的窗檐。这样一来，就既有了光照，又防了雨水。

也有完全不设窗户的碉房。这种碉房通常只留有一些窄小枪眼，主要用于室内通风和防御外敌。身处高海拔地带的藏族人民，虽然很少遇到攻城的敌军，但是宗族与宗族之间却时常会出现内斗，这个时候，易守难攻的碉房就成了他们守卫家园的绝佳防守点。

碉房的御敌形态在历史的变革中逐渐被人们改造，由一个又一个军事建筑变为人们居住的家园。如今，人们已经不再建造用于御敌的碉房。碉房在藏民心中，已经完全成为家的象征。

三、抗风保暖的蒙古包

民歌中唱道："天苍苍，野茫茫，风吹草低见牛羊。"苍茫的天空、无垠的草地、活动的牛羊常被当作草原的象征。但是在广袤的内蒙古草原上，并不只有它们……

以游牧生活为主的蒙古族人，为了方便住所的搬迁，发明了一种奇特的建筑形式——蒙古包。古人将蒙古包称作"穹庐"或"毡包"。它是一种以柳条编制的骨架为内壁，以木棍在顶部的交叉架上扎束为包顶，以毛毡或动物皮毛为外层的穹隆形建筑。

柳条编制的内壁，在蒙古语中被叫作"哈那"。"哈那"的大小决定了蒙古包的大小，小的蒙古包只有四扇"哈那"，大的蒙古包则有十多扇。"哈那"的数量由建造蒙古包的目的和主人的经济状况决定。

"哈那"少时，蒙古包更加便于搬迁，因此用于游牧的蒙古包只需要四扇"哈那"即可。大的蒙古包，一般是蒙古族中经济条件好的族人修建的。人们会在包内另外增加一根立柱，这根立柱常立于蒙古包的正中心，其主要目的是增加蒙古包的稳定性。

蒙古包的顶部，一般会开设一个大型的天窗，天窗主要是用于包内采光。蒙古族为了减少包内散热，内壁常常不设窗户。为了采光，人们便想出了在包顶开设天窗的方法。白天，阳光透过包顶的天窗照射进来，使得包内十分明亮。等到夜晚，人们将天窗的窗帘拉下，以保证包内的温度。

包体外层和顶部常被人们用动物毛皮或者毛毡覆盖，毛毡可以说是蒙古包的墙壁。有了毛毡，外部的风沙便不能侵入蒙古包内部。

内壁、顶部和外壁三者的相互组合，就组成了蒙古族居住的蒙古包。人们在搭建蒙古包时需要选择一个有利的地理位置。

人们安置蒙古包的位置，常位于山前的低洼地带。这样做是为了防止草原的风沙将包体刮倒。其实，圆形的蒙古包已经具有较强的抗风能力，但是为了安全起见，人们多选择低洼地带建包。包门一般朝向东南方向。选择东南朝向的原因有两个：第一是沿袭蒙古族中以迎接日出为吉祥的传统；第二则是为了更好地阻挡从西伯利亚吹来的冷风。

包内器物的摆放，也大都以右侧为尊的方式排列。右侧按顺序为家庭主要成员的床铺与座位，以及家庭男性成员的常用物品。左侧则为家庭其他成员的床铺座位以及女性成员的常用物品。包内正中心一般为火炉、餐桌，火炉的烟囱由天窗向外延伸。

正是这样一种富有烟火气息的穹隆建筑，容纳了蒙古族漫长的生活和悠久的历史。不过随着时间的推移，内蒙古草原上的蒙古包已经越来越少。如今，我们在草原上常见的蒙古包大多是游人体验蒙古族居住环境的旅游场所。传统意义上用于居住的蒙古包已经逐渐被砖瓦建筑取代，拆卸方便的蒙古包正在逐渐成为一种文化符号。

四、"取竹而成"的傣家竹楼

关于傣族，我们最为熟悉的应当是傣族的泼水节。傣历新年这一天，人们会带着各种泼水工具在泼水场所集合，将水泼洒到他人身上。傣族人认为，水意味着祝福，清水泼洒身体能够洗涤过去一年的不顺。除了泼水节，傣族还有更为独特的民族文化代表——傣家竹楼。

云南的西双版纳是傣族的聚居地，在这里，傣族人建起了一座座形态各异的建筑——竹楼。竹楼是傣族的传统建筑，是干栏式建筑的一种。由于它的建筑材料多为竹子，所以人们将其称为竹楼。

四季炎热的西双版纳，最适宜竹子的快速生长。加上这里炎热潮湿的气候，最佳的建筑形式便是干栏式住宅。本着因地制宜的原则，傣族人便选用竹子作为房屋的建筑材料。

　　人们把竹林中最粗壮的竹子砍下来，作为竹骨架。竹骨架一般呈正方形，下方的立柱一般高于地面 2 米左右。竹楼下层不加墙壁，常用于饲养牲畜和放置杂物。上层则以竹篾（削制成一定规格的竹皮）编制成墙，阻挡雨水与阳光直射。

　　竹楼的屋顶，一般是以傣族人自行烧制的瓦片铺设而成。瓦片大都为 3 寸大小的方形，相较于北方的瓦片较薄。小而薄的瓦片能防止屋顶重量过大而造成竹楼坍塌。屋顶的形状一般呈"人"字形，坡度较大。这种形状的屋顶方便雨水快速排下，防止屋顶出现积水，进而避免房屋内部出现漏水的现象。

　　盖好的竹楼一般为正方形，竹楼内部以篱笆隔为小间。最初的傣家竹楼一般分为内外两间，偏外的一间用于招待客人，偏内的一间用于主人居住。随着时间的推移，人们逐渐增加了竹楼的房间数量。目前傣族的竹楼已经不再局限于两间的传统，开始出现向三间、多间发展的趋势。

　　此外，人们还会在竹楼外搭

南方傣族的竹楼

建阳台和前廊，它们既是人们晾晒衣物的地方，也是妇女们生活劳作的地方。

竹楼的四周，一般会以竹篾围成小院。院内，主人常常会种植椰子、香蕉、竹子等植物。这些高大的植物不仅能够为人们遮蔽阳光，还能为主人阻隔风雨。

不过，随着时代变迁，如今的傣家竹楼也出现了一些新的变化。有一些当地居民已经开始在本地建造起以砖瓦、混凝土为主要建筑材料的房屋，但是，傣家竹楼依然是当地人们最为喜欢的建筑形式。如果来到这里，依然可以看到一幢幢充满诗情画意的小竹楼。

这些小竹楼，矗立在西双版纳耀眼的阳光下，在一片片翠竹蕉林中若隐若现，仿佛在向人们诉说着傣族人几千年的生活史话。

五、巨木撑起的侗族鼓楼

在我国广西、贵州等侗族聚集的村落中，有一种极富特色的建筑——鼓楼。这里的鼓楼并不是汉族用于计时的鼓楼，而是我国少数民族以自己的智慧建起的塔形建筑。

所谓鼓楼，自然是放置鼓的楼宇。在这一点上，无论是传统鼓楼还是侗族鼓楼没有区别。不同的是，传统鼓楼是古人建造的用于报告时间的报时台，侗族鼓楼则是人们用于娱乐、议事的场所。

侗族的鼓是以桦树制成的桦鼓。桦鼓通常被放置在鼓楼的最高一层，当出现需要寨中所有人参与的大事和活动时，人们便会击鼓号召大家来鼓楼。

将寨子中的人都召集来，鼓楼能容纳如此多的人吗？答案自然是肯定的。侗族的鼓楼，是一种非常巨大的塔形建筑。

　　侗族的能工巧匠们把本地最结实耐用的杉木砍下来用作鼓楼的支架，分为多柱和单柱两种形式。单柱的鼓楼有一根巨大的立柱支撑塔体，这根立柱常位于塔体正中。立柱的底层有 4 根较短的衬柱支撑，以保证塔体的稳固。多柱的鼓楼也有一个巨大的立柱支撑，只不过它的衬柱较多，一般以 8 根、12 根或 16 根立柱为底架，以榫卯的方式相连接，共同支撑起塔体的重量。

　　不论是哪种塔体结构，鼓楼均会建造多层，其中最顶层的上方一般会设一根铁柱，铁柱上会被人们以宝珠穿套，最终形成葫芦形状。顶层的样式通常与伞的形态类似，可以分为四角、六角和八角三种形状。相较于鼓楼中部层级，顶层装饰的华美度远远超过中层。

　　中层一般为一层又一层的重檐，层层叠叠地排列下来，形成鼓楼的腰身。从上往下，这些腰身逐渐变大，最终成为最下层的方形底。

　　底层一般放置长凳供来到这里的人们休息，底层的中央则放置一个巨大的火塘，以防止冬季来此的人们受冻。

　　每一层的屋檐上，人们以丰富的鸟兽鱼虫、山水风光、古今人物或者当地的特色风俗画装点，或者为雕塑，或者为彩绘。总之，这些装饰大都栩栩如生，富有民族气息。

在鼓楼的内部，匠人们还会在中心立柱的左右两侧修建一些造型奇特的独木楼梯。当人们需要击鼓集合时，寨子中的负责人便会沿着楼梯攀上顶层，以鼓槌击打桦鼓来召集人们。

古时候，击鼓集合多为商讨一些抵御外敌入侵的事宜。随着时间的推移，侗族鼓楼逐渐成为侗族人开展各种文化活动的地点。寨子中的人们常常在一些特殊的节日聚集在这里，或者学习歌舞，或者表演歌舞，或者编排侗戏，或者吹响芦笙。

不管现在鼓楼承担着何种功能，都不可否认，鼓楼是一种雄伟壮观、别具一格的侗族建筑，是中国乃至世界的建筑瑰宝。

六、依山而建的吊脚楼

碉房、竹楼、鼓楼等建筑，都是某个少数民族的特有建筑，吊脚楼则不同。它的使用人群十分多样，苗族、壮族、侗族、水族、土家族等多个少数民族都曾建造过吊脚楼。此处，我们就只介绍独具风格的土家吊脚楼吧！

我国土家族的居所大都在湘、鄂、渝、黔交界地带的武陵山区。这个地区最为突出的特点便是山脉连绵、多雨潮湿。这样的自然环境往往不适宜建造砖石结构的房屋，干栏式建筑是一个不错的选择。干栏式建筑的建筑材料主要为木材，方便土家族人取用，且悬空的房屋更能隔绝潮湿的空气。

不过，传统的吊脚楼并不是完全意义上的干栏式建筑。它并不像常规的干栏式建筑那样全部悬空，它的堂屋仍然以土地为基地建立，四周的其他房屋以堂屋为中心向外延伸，以立柱为支撑，悬空向上修建。由于吊脚楼的这个特点，人们便将其称为半干栏式建筑。

土家族的吊脚楼大都依山傍水，人们在平地将堂屋背靠大山建起，再将其他房屋延伸至水面，以立柱撑起。每当有大事发生时，人们都会聚集在堂屋。可以说，堂屋是土家族人用于家庭聚会、事件商议、招待客人的场所。堂屋左右的房屋叫作饶间，其中一侧的饶间作为厨房，另一侧的饶间作为居所。

饶间一般延伸到水面上方。这种独特的形式，除了能够抵御潮湿的地气外，还有以下四个优点。

第一，抵御虫蚁鸟兽入侵。湿润的山区可以给人类提供良好的生活环境，同样，它也孕育了许多鸟兽虫蚁，尤其是吊脚楼的建筑地还在大山的一侧。这样一来，自然生长的动物们便很容易入侵到人类的生活圈。而吊脚楼独特的结构——悬空于水面的饶间，正好能发挥抵御动物的优势。

第二，冬季保暖，夏季清凉。建在山林中的吊脚楼，

四周多为树木丛林。树木在夏季生长得郁郁葱葱，能够为人们阻隔直射的阳光。冬季枝叶落败，阳光则能充分进入屋内。冬暖夏凉就成为吊脚楼的一大优势。

第三，空间巨大，能够满足生活需求。土家族的吊脚楼常建三层以上，最下层是隔绝地面的悬空层，通常为空置层。中间层的宽阔空间，常常被人们用于储藏粮食以及各种生活物品。上层则是人们居住和生活的主要场所。多层的建筑，给了土家族人广阔的生活空间，满足了人们基本的生活需求。

第四，接近自然，风景优美。居住在依山傍水的吊脚楼，打开窗户便能看到满目的自然风光，人们的心情会更加愉悦，身体会更加健康。

综合以上优点，我们可以看出土家族人的建筑智慧。然而，追溯吊脚楼的历史，我们可以发现，土家族的吊脚楼不是一成不变的，而是不断变化的建筑。

吊脚楼的屋顶，在很久以前只能以茅草加盖，汉文化与少数民族文化的融合，使得人们逐渐开始在吊脚楼上加盖瓦片。随着经济的发展，人们逐渐放弃了以木瓦架构为主的吊脚楼，转而修建砖混结构的吊脚楼。还有一些土家族人，开始选择以钢筋混凝土为主要建材的传统汉族建筑为住所。

不过，不管人们房屋的形制如何变化，吊脚楼始终是土家族人最钟爱的建筑。它是人们精神世界和物质需求相结合的完美展现，象征着土家族的勤劳和智慧。

第六章

能工巧匠的
建筑史诗

一、土木工匠的始祖——鲁班

春秋时期的鲁国，出了一位十分有名的建筑大师——鲁班。鲁班精于木工。木工使用的各种工具，如锯、曲尺、墨斗等，都是鲁班发明的。这些工具的发明，大大提高了人们的工作效率。为了纪念这位大师，人们就将其看作我国土木工匠的始祖。

出身于工匠世家的鲁班，从小就开始接触土木建筑，因此早早就掌握了土木建筑的精髓。在实践当中，鲁班摸索出了许多提升工作效率的方法，并将这些方法记录了下来，制成了便于携带的木工工具。

锯是一种一侧带有锋利小齿的长条状工具，人们常常使用它将坚硬的木头或者石头切割开来。传说锯是鲁班在深山砍树时发明的。一次，鲁班在山林中寻找合适的树木作为建筑材料时，被一种带有小齿的叶子划破了手指。看到这种叶片如此锋利，鲁班就想到如果将工具制成齿状，不就能更快地将木板切断了吗？有了这个想法后，鲁班就立马回家进行试验。经过多次失败，他终于将锯制造出来了。这种带齿的锯子，果然能快速切割木板。

曲尺是一种用于测量木料方正、长短的工具。它的外观呈直角形状，横向为尺柄，较短，纵向为尺翼，较长。据说曲尺也是鲁班发明的。《续文献通考·乐考·度量衡》中记载："鲁班尺即今木匠所用曲尺，盖自鲁班传至于唐，由唐至今用之。"据此我们可以知道，曲尺是自春秋时期鲁班发明后一直沿用至今的一种木工工具。

墨斗是一种用于测量地面水平程度、绘画直线的工具。它由墨仓、线轮、墨线和墨签四个部分组成。墨仓是用来储存墨水的部件。线轮是用来缠绕储存墨线的部件，正常使用时可以用手转动手柄将线取出。墨签是用来使线轮均匀沾墨的部件，以墨签将缠线的线轮压线，墨线就会变黑。墨斗的使用分为三个步骤：首先用墨签将线轮按压进入墨仓，使得墨线变黑；其次用

手摇线轮，墨线就会出来；最后被沾湿的墨线可以用于房屋测量和竖直线的勾画。

除了以上三种工具外，传说刨子、钻子、伞等都是鲁班发明的。不过，传说归传说，有人对于这些工具的发明也有不同的意见。他们认为，木工的许多实用工具都是一些不为人知的工匠发明的，人们在记载这些工具的历史时，由于不知道这些工匠的名字，因此便统一将其归在鲁班名下。

这一点我们也不可否认，由于我国古代建筑工匠的地位很低，很少有人专门为不知名的匠人著书立说。这些工具与建筑技术都是人们口口相传才得以流传的。即使是有人想要编著这类书籍，他们也无法知道工匠的名字，所以，将发明者写为鲁班也就不足为奇了。

但是，鲁班确实是我国历史上著名的建筑工匠，后人以他的名字著成的《鲁班经》一直流传至今，并作为我国传统的工匠用书被广大匠人所使用。

二、宇文恺：历史名城的缔造者

中国历史上有许多著名的建筑工匠，宇文恺就是其中之一。宇文恺，字安乐，是隋朝时期的城市建筑规划师和建筑工程专家。如今的陕西西安，也就是唐朝的长安城，就是宇文恺规划建造的。

公元581年，隋文帝建立隋朝之后，没过多久就开始兴建属于自己的都城。他选择的都城地址正是长安。

彼时，长安城是北周皇室的旧都。始建于汉朝的长安城，经过多个朝代的兴衰更迭，已经有许多问题。如果将它作为新王朝的都城，未免有些格格不入。在这样的背景下，隋文帝召集了一批能工巧匠，开始着手规划、设计并建造都城。这座都城的名字为大兴城，宇文恺则是建设都城的工匠之一。

根据《隋书·宇文恺传》记载："高颎虽总大纲，凡所规画，皆出于恺。"由此我们可以得知，大兴城的修筑，宇文恺虽然不是总监督者，但是大兴城的具体规划、设计都由宇文恺完成。

修建大兴城的过程，总体上分为三步：一建宫城，二建皇城，三建城郭。在宇文恺的规划带领下，大兴城仅仅用了九个月就修筑成功。以隋朝的建筑技术和科技水平，大兴城的修建速度实在是快得让人震惊。

然而，如此迅速建造的工程，它的质量却完全没有下降。皇城建筑物均结实稳固，且形制特点均符合统治者的要求。可以说，它既满足了一朝都城所需的巍峨壮丽，又满足了统治阶级要求的专权集中。

不仅如此，在设计施工中，宇文恺还考虑了宫城的地形地貌、水利条件、交通规划、军事防御等因素，宫城美化、城市管理等新的建筑方向也被纳入修建规划中。清朝的徐松评价大兴城"公私有辨，风俗齐整，实隋文之新意也"，可见宇文恺的规划思想之超前。

不过，为人惊叹的大兴城也有一些缺陷，如位置偏西、规模过大、住户杂乱、土路难行等。因此，隋炀帝即位后立即开始了东都（今洛阳）的修建。

相比于大兴城，东都"北据邙山，南直伊阙之口，洛水贯都，有河汉之象，东去故城一十八里"，地理位置极其优越。宇文恺是东都的主修官。在弥补大兴城缺陷的基础上，东都的修筑更为精美华丽，"制造颇穷奢丽，前代都邑莫之比焉"，正是东都的真实写照。

从这两座都城的建造来看，宇文恺绝对可以算是中国建筑史上的顶尖建筑大师。宇文恺的一生，除了修筑这两座都城之外，还修筑了许多其他著名建筑。隋朝宗庙、皇帝巡游的"观风行殿"（一种可移动的建筑）等都出自宇文恺之手。此外，他还著有许多经典著作，不过可惜的是，除了《明堂图议》的一些内容被保留下来外，其他著作大都没有流传下来。

尽管我们已经无从得知这些典籍的内容，但不可否认的是，宇文恺确实在中国建筑史上做出了杰出贡献。他所修建的建筑，不仅成为当时统治者的华美住所，也成为后代万千建筑师瞻仰、借鉴的模板。

三、高层宝塔的缔造者——喻皓

喻皓，也有人将其称为喻浩、预浩、俞皓，是北宋初年的著名建筑工匠。与其他建筑大师不同，喻皓的特长并不是建造宫殿和楼阁，他所擅长的是建造宝塔。

两汉时期，佛教传入我国，宗教信仰的蔓延使得佛寺建筑在中国大地上遍地开花。佛寺建筑中最让人称赞的是宝塔建筑，而喻皓就是我国宝塔建筑的集大成者。

喻皓本人最初并不擅长建塔，但是却十分好学。传说宋朝的京城之中有一座十分精妙的佛寺——相国寺，据说是唐朝巧匠修筑。相国寺的卷檐设计十分精巧，每当经过相国寺时，喻皓总是忍不住抬头研究。他有时候坐下来观察，有时候还会躺在地上观察。过往的路人看到喻皓的奇特姿势，常常交头接耳，将他当作一个疯子。然而，喻皓并不在意人们的言论，无论周围的声音多么嘈杂，他都能全神贯注地观察研究。慢慢地，他逐渐研究出寺庙的建筑工艺。

北宋初年，喻皓通过从事木工设计和施工工作，积累了丰富的经验。加上对前人典籍的研究与对木制建筑的观察，他具备了精湛的木工技术。此时，他已经能够建造出十分精致的木塔。

北宋太平兴国时期，喻皓凭借高超的木工技法被任命为开封开宝寺的修筑者。在工匠们的辛勤工作下，开宝寺的修筑终于完成。寺中有多座宏伟壮丽的木塔，其中最出名的是八角十三层的琉璃宝塔——福胜塔，这座木塔也被人们称为"铁塔"。木塔周身以琉璃覆盖，在阳光照射下，仿佛被铁覆盖一般。

在修筑这座最高的木塔时，喻皓可以说是费尽了心血。木塔所采用的砖块，均为各色花纹的琉璃砖，在与木架结构恰到好处的配合下，塔身严密贴合，十分坚固。

喻皓在建造这座木塔时，还结合了开封当地的地理环境，将塔身设计成了"势倾西北"的形状。原来，开封平原上多西北风，将塔身倾斜一定角度，更能保证木塔的稳固。

此后，这座木塔就成为最受百姓欢迎的供奉场所。不过可惜的是，这座结构精巧、造型华丽的木塔最终在宋仁宗年间的一场火灾中烧毁，后来的朝代虽然多次将其复原修建，但早已不是喻皓所创造的结构。

如今开封留存下来的琉璃塔是清朝道光年间修建的。尽管是清人所做，但人们在提起这座宝塔时，也时常想起喻皓的大名。这位伟大的宝塔建筑者所缔造的精美宝塔没有被保存下来，但是他的建筑技法无人不称赞。

喻皓晚年，为了将自己毕生的木工技法流传下去，呕心沥血完成了著作《木经》。《木经》是我国历史上第一部关于木结构建筑的著作。它的流传，给了木工工匠许多建筑灵感，极大地促进了我国木制工艺的发展。

然而，由于封建社会的统治者并不关注此类典籍，这部著作也同其他许多劳动人民的发明创造一样，渐渐消失在人们的视线当中。

四、北宋顶尖建筑师——李诫

李诫，北宋著名的建筑学家。李诫家中世代为官，在这样的环境下，李诫也成为一名朝堂官员。最初，李诫并没有做建筑类的官。他进入将作监（宋朝一个主管土木建筑的机构）后，才逐渐走上建筑道路。此后，他主持修建了一系列著名建筑，最终成为一位顶尖的建筑学家。

李诫幼年就喜好绘画、书法，曾手抄过数本著作。这些经历为他从事建筑工作打下了坚实的基础。

进入将作监之初，李诫并没有从事与建筑有关的工作，仅仅是一个掌管主簿的小官。这段时期，李诫研究了许多与建筑有关的书籍，积累了丰富的理论知识。

1096 年，李诫担任了将作监中另外一个重要的职位——丞。这个时期，李诫上手了人生中的第一个建筑工程——五王邸。为了完成这项建造任务，他常常亲自下场与工匠一同探讨建筑图纸。在他的努力之下，以往积累的丰富的建筑知识逐渐被他活学活用，五王邸顺利建成。

皇室对李诫的建筑成果十分满意，逐渐开始将重要的建筑工作交给李诫完成。1097 年，他受命编撰宋朝的建筑设计规范书籍——《营造法式》。

其实，早在 1091 年，《营造法式》的前身《元祐法式》就已经编写完成。由于《元祐法式》的材料选择制度和工料的取材制度太过宽泛，难以防止工程舞弊，所以皇帝才又下诏令李诫重新编写。

此时，李诫已经有了丰富的建筑经验。在他的主持下，《营造法式》历经三年编写完成。《营造法式》全书共计 36 卷，357 篇，包括建筑释名、诸作制度、功限、料例和图样五个部分。

第一卷与第二卷是本书的总述，主要介绍下文中将出现的各种建筑物和组成建筑物的各种物件的名称、有关规定条款和建筑术语。

第三卷至第十五卷为大木作制度、小木作制度、雕作制度、旋作制度、锯作制度、竹作制度、瓦作制度、泥作制度、彩画作制度、砖作制度、窑作制度等十多种建筑制度的详细工艺介绍，包括建筑材料的选择、组成建筑的比例、位置和相互关系等基本内容。

第十六卷至第二十五卷主要介绍以上多种建筑制度的构件劳动定额和计算方法。

第二十六卷至第二十八卷主要为以上多种建筑制度的用料定额和最终建成所应达到的质量标准。

第二十九卷至第三十四卷主要介绍各个工种和建筑做法的平面图、断面图，以及构件的详细图解和雕刻纹饰、彩绘图案。

另外，还有看样和目录各一卷。这部建筑著作完成后便成为北宋建筑的标杆书籍，最终成为影响北宋建筑最为深远的一部规范书。在此之后，李诫完成了一系列著名建筑，比如重要礼制建筑辟雍宫、朝廷重要办公地尚书省、宫殿建筑龙德宫、传统居所棣华宅、门庭建筑朱雀门和景龙门、祭祀宗庙太庙、皇家祠堂等。这些建筑完成的同时，李诫的官位升迁也十分频繁。他不仅当上了将作监中官职最高的监，还曾经去虢州担任虢州知州。

可惜的是，李诫虽然在官场和建筑上都颇有成就，但是《宋史》却没有一篇关于李诫的传记，与他父兄有关的记载倒是可以在《宋史》中找到，只不过这些记载大都偏于贬义。不过，无论人们对李诫如何评价，我们都应当肯定李诫在建筑方面的成绩，至少这一部留存至今的《营造法式》，确实推动了我国建筑历史的发展。

五、造园大师计成与著作《园冶》

　　很多建筑领域的奇才都是著名画家，明朝的计成就是典型的代表。计成，字无否，号否道人，是明朝时期著名的造园大师。年幼的计成最爱画山水。他的山水画作不同于古人常用的写意风格，而是别具一格的写实风格。后来，这些山水画的艺术理论被计成运用于园林建造，成就了他的园林建筑传奇。

　　对山水画作的热爱和四处游玩的经历对计成成为造园大师产生了很大的影响。

　　少年计成喜好旅行。离开家乡苏州后，他常常在南北方的诸多城市游历。遍览了各地的山水风景，计成逐渐对自然风景有了自己的见解。中年时期，遍游全国的计成回到自己的家乡，开始从事园林建造工作。

　　在计成从事造园之前，还有这样一则趣事。中年计成定居的地方为山水环绕的润州（今镇江）。有一次，润州一位老乡看竹林之间十分空旷，便把许多奇石放在竹林中以充当假山，偶然路过此地的计成看见了便忍不住笑起来。老乡问计成有什么好笑的，计成回答："世间万物有真有假，你为何不以真山的形状造假山，而是将石块垒得像拳头一样呢？"老乡听了这话，便请计成亲自造山。计成将山石垒砌成山，围观的群众看到计成所垒的假山，无一不发出赞叹："这俨然就是一座真山啊！"

没过多久，计成造山的事就在当地广为流传。一些想要设计园林的士大夫听闻此事，纷纷到计成家中邀约，江西的布政使吴玄便是其中之一。

1623年，计成受吴玄的邀请为其修建私家园林——东第园。这是计成建造的第一座园林。吴玄购置的园林地处城东，是元朝温相的故园。计成看到此处的地基较高，其间还遍布着参天树木，他认为"此制不第宜掇石而高，且宜搜土而下，令乔木参差山腰，蟠根嵌石，宛若画意；依水而上，构亭台错落池面，篆壑飞廊，想出意外"。依这个想法建成的东第园，吴玄很是喜欢，称赞："自得谓江南之胜，惟吾独收矣。"

有了东第园的建筑作品，前来邀约计成的士大夫越来越多。不过，根据计成自己的说法，他从事园林建筑创作的初衷并不是由于热爱造园，而是由于自己"贫无买山力""历尽风尘"，是为生计才从事园林建造的。但是，随着接手园林数量的增加，计成逐渐爱上了这个行业，并且还在造园的过程中，结识了不少良师益友。

计成的造园著作《园冶》的成书，就与益友曹元甫、阮大铖有着密切的联系。东第园建成之后，计成还曾设计寤园，其间他已经开始书写自己的著作《园牧》。此书是计成整理古代造园理论和自身造园成就的书籍。

书稿写完之后，计成将其交给好友曹元甫观看。曹元甫看后说："斯千古未闻者，何以云'牧'？斯乃君之开辟，改之曰'冶'可矣。""牧"为管理的意思，偏向于总结之意，"冶"为治理的意思，有重新开始管理的意思。的确，在计成的《园冶》之前，古人确实未曾写过类似的著作，将其称为《园冶》显得更为贴切。

名称定下后，接下来就是出版印刷了。出版的功劳，有一半与阮大铖有关。历史上的阮大铖依附于阉党，是一个大奸大恶之人。我们暂不评述阮大铖此人的生平过往。毕竟，对于一个历史人物，我们不能仅仅看到人之过，而忽略人之功。

回到《园冶》的出版，阮大铖被贬之后有幸看到了计成所设计的寤园，大为折服。看过《园冶》的初稿之后，他便决定自己出钱帮助《园冶》出版。在阮大铖的帮助之下，《园冶》才得以问世。

正如计成写《园冶》的目的一样，此书对前人造园的各种理论与实践经验进行了总结概述，同时也对作者平生的造园经验进行了详细说明。书中还配有200余幅精美的造园图案，均为计成对于园林艺术的独到见解。历史书籍，多在时代变迁中失传，所幸这本园林建筑的集大成者《园冶》流传了下来。

六、"样式雷"：皇家建筑的主持世家

皇家建筑的修建高峰出现在距离我们最近的一个封建王朝——清朝。清故宫、圆明园、承德避暑山庄、颐和园、畅春园等皇家建筑都是这一时期的作品，而这些作品的建筑者大都与清朝的建筑世家"样式雷"家族有关。

什么是"样式雷"呢？"样式雷"中的"样式"指的是清朝宫廷建筑的承办机构"样式房"，"样式雷"是指清朝在"样式房"中主持皇家建筑的雷姓世家。

"样式雷"家族沿袭八代，从第一代雷发达开始到第八代雷献彩结束，其家族与整个清王朝一同经历了时代变迁。他们既是清朝皇家建筑的缔造者，也是清朝皇室败落的见证者。

康熙年间，久居南方的"样式雷"家族的第一代雷发达北迁进京，从此开始了"样式雷"家族的建筑史话。

上梁是建筑当中的一项重头戏，雷发达初到北京，就遇到了康熙主持太和殿（始建于明朝，清朝进行修缮重建）的上梁大礼。大礼上，房梁上的榫卯结构无法贴合，房梁死活不肯落位。这一幕可急坏了在场的大臣，上梁失败可是杀头的大罪。一位大臣听闻雷发达到了京城，便立刻派人去请，希望他能想出办法，让典礼顺利完成。

雷发达赶来后，大臣赶忙找来朝服给雷发达穿上，并请他立刻前往仪式现场。只见大典上，雷发达袖揣斧子麻利地爬上屋顶，经过几下捶打，房梁应声而落，榫卯稳稳地合在了一起。

事后，康熙皇帝召见了雷发达，并当面授予雷发达为工部营造所的长班。再后来，雷发达参与营造了诸多的皇家建筑。在康熙年间的圆明园建造中，雷发达被调至"样式房"担任"掌案"一职，"样式雷"家族的传承就此开始。

雷发达的儿子雷金玉是"样式雷"家族的第二代传人。雷发达"退休"后，雷金玉承接了雷发达在营造所的官位，成为皇家建筑工匠的一员。

1697年，康熙南下江南途中，游览了大量的江南美景，这些美景深深留在了康熙心中。康熙南巡返京后的第一件事就是下令官员修建畅春园。

负责修筑园林的官员中就有雷金玉。雷金玉虽然不负责园林的总体规划，却掌管着园林的建筑细节和装修事宜。在他的指挥下，畅春园顺利落成。雷金玉也因此受到康熙的嘉奖，被授予七品官衔。

我们熟知的圆明园扩建工作也是雷金玉完成的。雍正年间，已年过六十的雷金玉被安排担任圆明园扩建的"掌案"。白发苍苍的雷金玉带领众多工匠日夜研究，最终敲定了圆明园的殿堂形状与园林样式。经过多年的努力，被誉为万园之园的圆明园终于扩建完毕。

此后，"样式雷"家族中陆续有第三代雷声澂，第四代雷家玮、雷家玺、雷家瑞三兄弟，第五代雷景修，第六代雷思起，第七代雷廷昌，第八代雷献彩等多人成为清朝的皇家建筑设计师。

在第八代传人雷献彩修复了圆明园，并参与建造了摄政王府等一些皇家建筑后，清王朝的内忧外患逐渐加剧。随着清王朝的覆灭，"样式房"逐渐退出了历史舞台，传承二百年的"样式雷"也不再子承父业。

更加让人唏嘘的是，"样式雷"八代传承了二百年的建筑图纸、珍稀样式，被后代子孙因生活潦倒而悉数变卖。这一传奇的建筑世家，最终消失在了历史中，成为人们茶余饭后的谈资。